Déni climatique

Du même auteur

Un cri obscur
L'énigme des enfants autistes
Calmann-Lévy, 1992
édition de poche : L'Énigme des enfants autistes
Hachette, 1997

Donald Woods Winnicott
Presses universitaires de France, 2000

Controverses sur l'autisme et témoignages
Presses universitaires de France, 2004

Les Déliaisons dangereuses
Presses universitaires de France, 2017

Ce que les psychanalystes
apportent aux personnes autistes
(codirigé avec P. Landman)
Éres, 2021

Denys Ribas

Déni climatique

Le Pommier

ISBN : 978-2-7465-2794-2
Dépôt légal – 1re édition : 2025, mars

170 *bis*, boulevard du Montparnasse, 75014 Paris

À ma femme,
À nos enfants et petits-enfants,
Aux enfants du monde qui vivront
la Terre que nous leur devrions de préserver.

INTRODUCTION

Le réchauffement climatique et son déni

La menace climatique met aujourd'hui l'humanité en impasse

Un de mes patients fumait depuis qu'il avait onze ans. C'est à l'orphelinat qu'il avait commencé. Ce placement en orphelinat était d'autant plus douloureux que ses deux parents étaient vivants. La cigarette représentait pour lui sa seule possession personnelle, le moment de plaisir que l'on ne pourrait lui prendre. Lorsque je m'occupais de lui, il savait que fumer plusieurs paquets par jour était un risque considérable pour sa vie, mais jamais il ne put arrêter. Jusqu'à ce jour, à l'approche de la retraite, où fut découvert son cancer du poumon. Il arrêta de fumer du jour au lendemain. *Il savait* mais continuait *quand même.* Notre travail n'avait pas fait bouger son déni et ses déterminations inconscientes, même s'il ne l'avait pas entrepris dans ce but. Sa condamnation vaudrait-elle inculpation de meurtre envers ses parents pour l'avoir abandonné ? La mort avait-elle été sa seule compagne de survie ? La provoquer activement annulait-il d'avoir subi passivement son destin ? Ou ce moment de bonheur autocréé était-il resté vital face au désespoir ?

La réaction de l'humanité face au réchauffement climatique me rappelle ce patient. Ses effets s'accumulent : en témoignent les récents étés brûlants – celui de 2023 a été le plus chaud depuis 2 000 ans* – qui voient l'Amérique du Nord s'enflammer au sens strict, les inondations se répéter, comme début 2024 en France, au Brésil, en Chine et en Russie, ainsi qu'en Espagne à Valence, où elles ont été particulièrement meurtrières, en octobre de la même année. L'année 2024 a été la plus chaude depuis 1850 et a franchi le cap de + 1,5 °C**. Les phénomènes météorologiques connus prennent une violence inhabituelle et dramatique, comme le montrent les incendies

* *Le Monde* du 16 mai 2024, p. 16.

** Avec + 1,6° C en 2024. *Le Monde* du 11 janvier 2025, p. 7. Cette valeur de + 1,5° C en moyenne sur deux décennies est l'objectif de l'accord de Paris sur le climat.

exceptionnels de Los Angeles en janvier 2025. La menace climatique reste néanmoins l'objet d'un déni impressionnant. Pourtant, les experts du GIEC* nous alertent régulièrement du danger futur et les dirigeants du monde ont organisé pour le prendre en compte des conférences internationales – la vingt-huitième en 2023. En mars de cette même année, le GIEC a publié un « guide de survie pour l'humanité » face à « une bombe à retardement qui poursuit son compte à rebours »**. De nombreux articles, des livres et même une bande dessinée*** nous préviennent de ce qui est en train d'arriver. Au moment de la COP28 – dans un pays producteur de pétrole – nous avons découvert que les calottes glaciaires des pôles fondaient plus vite que prévu, laissant l'océan absorber la chaleur que les glaces réfléchissaient auparavant dans l'espace, ce qui accélèrera encore le réchauffement.

Les géologues nous instruisent de ce que la Terre a déjà basculé dans une nouvelle ère géologique, en partie de notre fait, et ce depuis à peu

---

* Groupe d'experts intergouvernemental sur l'évolution du climat.

** *Le Monde* du 20 mars 2023, https://www.lemonde.fr/planete/article/2023/03/20/le-rapport-de-synthese-du-giec-un-guide-pratique-pour-desamorcer-la-bombe-a-retardement-climatique_6166256_3244.html.

*** Jean-Marc Jancovici et Christophe Blain, *Le Monde sans fin*, Paris, Dargaud, 2021.

près les années 1950*. Des isotopes radioactifs ainsi que des particules de plastique sont apparus en effet dans les sédiments. Une nouvelle roche a fait irruption sur Terre : le béton. La responsabilité humaine dans cette bascule justifie d'appeler *anthropocène* cette nouvelle ère géologique dont la trajectoire est déjà influencée pour les 100 000 prochaines années, même si ce nouveau régime de la Terre ne résulte pas que de l'action humaine.

Le déni généralisé que nous observons a-t-il une spécificité en rapport avec cette responsabilité humaine dans la menace et son caractère planétaire ? Telle fut la conclusion de François Hartog et Bruno Latour, lorsque ces derniers ont pensé le temps, l'histoire et les croyances religieuses de la civilisation occidentale. Telle est la piste que nous poursuivons à notre tour en prenant en compte l'espace et son traitement psychique.

À très court terme géologique, mais moyen terme humain, l'enjeu de maintenir à 1,5 °C le réchauffement climatique à la fin du siècle est

---

* Début 2024, la Commission internationale de stratigraphie a refusé d'entériner cette position. Cette décision fut critiquée dans une tribune par des géoscientifiques qui pointent son refus de prendre en compte l'activité humaine, rappelant que pour Michel Serres, Philippe Descola ou Bruno Latour « la séparation entre nature et culture est un biais occidental que les bouleversements actuels rendent caduc ». *Le Monde*, supplément science et médecine du 2 mai 2024, p. 7.

déjà hors d'atteinte. Le rapport du Programme des Nations unies pour l'environnement publié le 24 octobre 2024* le confirme : à moins d'un renforcement drastique des contributions déterminées par les États, c'est à + 3,1 °C en 2100 qu'il faut s'attendre. *Nous savons bien* qu'il faut agir, et rapidement. *Mais quand même*, il y a toujours d'autres priorités et les engagements ne sont pas tenus.

La force de ce déni

La campagne présidentielle française avait donné à l'automne 2021 plus d'importance aux thèses xénophobes d'un Éric Zemmour, voulant nous ramener aux années 1930, qu'à cet enjeu vital à moyen terme. Après l'élection et des scores électoraux accablants pour l'écologie, ni le président de la République ni les députés n'ont fait du changement climatique un motif d'union nationale dans le contexte d'une absence de majorité parlementaire qui aurait dû y être propice. Ni depuis une priorité. Et d'autant plus qu'entretemps, deux guerres ont éclaté. La campagne pour les élections européennes de 2024 n'a pas plus donné la priorité aux enjeux climatiques, ni l'assemblée – encore

* *Le Monde* du 26 octobre 2024, à la une et en p. 7.

moins gouvernable sortie des urnes après la dissolution de juillet 2024. Pourtant, des inondations majeures exceptionnelles avaient touché divers continents les mois précédents.

Quelle compréhension peut apporter la recherche psychanalytique à la nature et à l'extraordinaire puissance de ce déni collectif, phénomène psychique ? Le terme « négationnisme climatique » a même été utilisé*, appelant à des poursuites judiciaires pénales internationales. Mais les responsables politiques qui dissimulent la réalité la reconnaissent en partie ce faisant. Le déni du réchauffement climatique me semble plus globalement partagé. Il m'apparaît que l'impasse climatique a la particularité nouvelle de confronter les humains à une impasse psychique en les privant d'un recours qui leur est vital : la *projection*. Impasse climatique et impasse psychique se répondent et s'alimentent alors de manière funeste. Après avoir constaté que le déni révèle un clivage non seulement du moi mais aussi du temps, et que les croyances y participent, je suivrai tout d'abord les pistes proposées, du côté des temporalités, par François Hartog et Bruno Latour. Je tirerai ensuite

---

* Catriona McKinnon, « Crimes climatiques », *Le Courrier de l'UNESCO*, vol. 2019, n° 3, novembre 2019, p. 10, disponible en ligne : https://doi.org/10.18356/358d82d8-fr (mis en ligne le 12 novembre 2019, consulté le 18 janvier 2025).

les conséquences de ce que la projection, indispensable tant pour se construire que pour expulser le mauvais au dehors, suppose justement un extérieur et d'y placer un ennemi. La réalité terrestre qui met le psychisme humain en impasse me semble d'abord topique, spatiale : notre espace est fini, entièrement occupé par les humains. Et c'est dans le présent que nous l'éprouvons. Nous n'avons plus un dehors où projeter un ennemi, un extérieur où expulser le mauvais. Je proposerai que l'impasse temporelle qui nous prive du futur, plutôt que d'être la cause première du déni en est la résultante.

Il conviendra de préciser la menace psychique qui alimente un tel déni, puis de faire ensuite appel aux recherches psychanalytiques de W. R. Bion sur les fonctionnements des groupes pour interroger la possibilité de le comprendre dans sa dimension collective. Quel est le principal danger psychique à fuir ainsi ? Nous examinerons quelles modifications psychiques collectives seraient nécessaires dans nos économies internes pour l'acceptation d'une sobriété, certes salutaire, mais diminuant nos satisfactions, notre plaisir et notre puissance.

Le déni, formation de compromis, se paie d'un prix très lourd : ne pas savoir saisir à temps le moment décisif – le *kairos* des Grecs – où il est encore temps d'agir. À moins que cela ne soit l'inverse et que son but soit de nous protéger des confrontations qui résulteraient d'une pleine prise de conscience collective du danger, laquelle amènerait les hommes à se battre, non pas ensemble, mais entre eux. Le déni nous évite-t-il une guerre civile ?

Enfin, dans l'hypothèse d'une participation psychique groupale, la compréhension psychanalytique du déni donne-t-elle des indications sur les obstacles qui empêchent de s'en dégager ? Et sur des raisons d'espérer y parvenir ?

Le déni de la réalité de la menace climatique rend impossible de se projeter dans le futur

Quel futur ? Les missions de la Genèse sont accomplies : « Soyez féconds, multipliez-vous, remplissez la terre et soumettez-la. Dominez sur les poissons de la mer, sur les oiseaux du ciel et sur tous les animaux qui fourmillent sur la terre*. » La Terre est peuplée, trop, et la biodiversité a bien été soumise : elle est même déjà détruite de moitié**. Et maintenant ?

* Genèse, 1:28. Nouvelle Bible Segond.

** Le pape François plaidera en défense que la Genèse n'invite pas seulement à dominer la Terre mais aussi à cultiver et garder le jardin du monde. Pape François, *Loué sois-Tu, Laudato si*, Paris, Bayard/Mame/Le Cerf, 2015, p. 131.

L'impasse projective – ni ennemi, ni extérieur – se complète en nous privant du futur et amène un triste cercle vicieux : le caractère inéluctable de la catastrophe alimente le besoin de la nier, devenant autoréalisateur. Alors qu'une action est encore possible – pour quelque temps –, la paralysie qui résulte du déni favorise le fait que l'irréversible advienne. L'impasse temporelle est bien figurée dans le paradoxe du slogan d'Extinction Rebellion : « Agissez maintenant parce qu'il est trop tard. » Nous verrons, en suivant François Hartog, que le paradoxe disparaît si on ajoute « trop tard pour éviter la bascule dans l'anthropocène », puisque nous y sommes scientifiquement déjà.

Or, un mouvement collectif d'infléchissement de l'évolution du climat ne peut qu'être un *projet* s'appuyant sur un futur proche pour protéger un avenir plus lointain. De nouveaux idéaux du moi collectifs ne peuvent se construire qu'avec un futur tangible.

Des rétroviseurs en guise d'horizon

Engagé en voiture dans une impasse sans la possibilité de faire demi-tour, il reste une seule issue : faire marche arrière en se retournant pour regarder à travers la vitre arrière ou en se guidant à l'aide des *rétroviseurs*, bien nommés. J'ai le sentiment que notre civilisation a ce réflexe de ne regarder qu'en arrière. Avec une différence importante : pendant ce temps notre voiture-monde continue en fait d'avancer.

On ne peut en effet qu'être frappé par la puissance qu'exerce dans le monde la fascination du passé. Le slogan repris par Trump à Reagan « *Make America great again* » fixait bien dès sa première campagne comme but un retour en arrière. La politique française semble revivre les années 1930 en se préoccupant uniquement de la menace de l'immigration sur l'identité française, un projet de loi pris *dans le déni* de sa non-constitutionnalité partielle en a encore témoigné en décembre 2023. Elle est revenue comme priorité du gouvernement de Michel Barnier en septembre 2024. Michael Fœssel refusait ce mot nostalgique de *retour* quand il constatait en 2018 que « la langue de 1938 et celle du présent deviennent indiscernables », préférant parler de *récidive** d'une idéologie de défiance en la démocratie qui ne peut mener qu'à des réponses autoritaires.

Pourtant, la prise en compte des bouleversements planétaires possibles – submersion de

* Michaël Fœssel, *Récidive. 1938*, Paris, Puf, 2019, p. 11.

territoires, terres brûlées devenant stériles – posera des questions autrement pertinentes sur la migration des populations des pays pauvres vers les pays riches tempérés, responsables pour l'essentiel du réchauffement. Pas un mot à ce sujet dans les débats sans fin sur l'immigration. Dans une conférence de presse destinée à relancer son quinquennat, le président français attaquait en janvier 2024 vigoureusement l'extrême droite tout en souhaitant *restaurer* dans l'Éducation nationale des symboles d'autorité et *revenir* à l'uniforme à l'école. Comme s'il fallait répondre à ce besoin des électeurs pour les détourner de l'extrême droite, non sans risque d'aboutir à l'inverse. Lors de la campagne pour les législatives de juin-juillet 2024, une électrice du Rassemblement National expliquait ainsi son vote : « Je veux que ça redevienne comme avant, comme quand j'étais petite... »

C'était mieux avant

La culture aussi se tourne vers le passé. Des cinéastes mettent en scène une jeunesse : Quentin Tarantino en transformant celle du cinéma avec *Once Upon a Time in Hollywood* (2019), Paul Thomas Anderson convoque celle de ses parents avec *Licorice Pizza* (2021), James Gray son enfance dans *Armageddon Time* (2022) et Spielberg avec ses *Fabelmans* (2023) montre joliment l'élaboration de ses traumatismes d'enfant face à la sexualité de ses parents par la création. S'agit-il seulement de la banale évolution naturelle du créateur vieillissant ? Mais ils ne sont pas très vieux... En revanche, nul doute que la nostalgie soit de tout temps au cœur de la création.

Il est ordinaire aussi que certains intellectuels rejoignent la droite avec l'âge. Mais en voir faire leurs les idées nationalistes et les craintes identitaires de l'extrême droite et le proclamer étonne. Michel Onfray, malgré son mauvais procès tendancieux fait à la psychanalyse, m'était sympathique dans sa défense des classes populaires et sa fidélité aux valeurs communistes. Mais comment fait-il pour oublier sélectivement l'internationalisme prolétarien qui voyait un semblable dans chaque travailleur du monde ? C'est sans compter ceux qui, comme Michel Houellebecq, tiennent des propos accusés de racisme*.

---

* La grande mosquée de Paris a déposé plainte le mercredi 28 décembre 2022 contre Michel Houellebecq après des propos présumés comme « étant une provocation à la haine contre les musulmans ». Les propos incriminés ont été tenus dans la revue *Front Populaire*, qui relayait une discussion entre l'écrivain et Michel Onfray : « Des gens s'alarment. Ils se procurent des fusils, prennent des cours dans les stands de tir. Et ce ne sont pas des têtes brûlées. Quand des territoires entiers

Une récente évolution du paysage audiovisuel français semble clairement montrer une intervention économique mettant des moyens financiers considérables au service d'une idéologie réactionnaire : Vincent Bolloré semble rêver d'une *Fox News* à la française.

La guerre a éclaté à nouveau

Mais ce qui semblait une tendance, une attraction vers le passé a pu aussi être mis en acte, à notre stupeur. Vladimir Poutine a réussi au prix de dizaines de milliers de morts – ou de centaines de milliers* – à ressusciter vraiment guerre froide

seront sous contrôle islamique, je pense que des actes de résistance auront lieu », a notamment déclaré Michel Houellebecq, cité dans un communiqué de la grande mosquée de Paris. « Il y aura des attentats devant des mosquées, dans des cafés fréquentés par les musulmans, bref des Bataclan à l'envers. [...] Le souhait de la population française de souche, ce n'est pas que les musulmans s'assimilent, mais qu'ils cessent de les voler et de les agresser. Ou bien, autre solution, qu'ils s'en aillent. »

* Le *New York Times* estimait les morts à 120 000 Russes et 70 000 Ukrainiens le 18 août 2023, publié dans l'édition du 19 août, p. 1. Repris par *Libération*, publié le 18 août 2023, https://www.liberation.fr/international/europe/la-guerre-en-ukraine-aurait-fait-un-500-000-morts-et-blesses-selon-des-officiels-americains-20230818_ZXURHMC2SZCLJA7QRPY2AAWJPY/.

mondiale et guerre tout court en Europe en envahissant l'Ukraine pour restaurer l'URSS. Il s'offre ainsi, de plus, une orgie projective : il envahit l'Ukraine comme Hitler la Pologne pour la « dénazifier ». On a vu se réinstaurer une guerre de tranchées digne de 1914-1918. Depuis, la Finlande et la Suède ont rejoint l'Otan, l'Europe se réarme et, en février 2024, le président français envisageait qu'il puisse être nécessaire d'envoyer des troupes françaises en Ukraine en cas de menace de défaite ukrainienne... Entretemps la guerre s'est rallumée au Proche-Orient après les actes terroristes du Hamas du 7 octobre 2023, avec les bombardements sur Gaza, puis une attaque massive directe de l'Iran sur Israël pour la première fois depuis soixante-dix ans, suivie de ripostes israéliennes et du bombardement du Hezbollah au Liban. Elle nous ramène elle aussi au XXe siècle et réactive un antisémitisme violent, voire les croisades dans un discours du président de la Turquie : « Ô l'Occident, je m'adresse à vous : voulez-vous relancer une nouvelle croisade du Croissant contre la Croix* ? »

---

* Le 28 octobre 2023.

L'avenir programmé et contesté dans le déni général

En 2023, une réforme des retraites a été faite par le gouvernement français, majoritairement désapprouvée par la population, pourtant informée de la baisse à venir du nombre des cotisants, puisqu'ils avaient fait moins d'enfants alors que l'espérance de vie augmentait. Remarquons seulement pour notre propos qu'à cette occasion, peu de voix se sont fait entendre pour discuter ces deux points en fonction du changement climatique*. Qui s'est demandé, lorsque des jeunes de vingt ans ont manifesté, quel serait le climat en… 2067 ? Si des canicules sévères et rapprochées se produisent, on peut craindre de nombreux morts parmi les personnes âgées et qu'en fait, l'espérance de vie baisse. Sérieux espoir, donc, pour l'équilibre des régimes de retraite ! C'est un fait objectif au niveau mondial. Un rapport des experts du Lancet Countdown** estime l'augmentation des morts du fait de la chaleur chez les plus de 65 ans en 2023 à

* À l'exception de la chronique de Rémi Barroux, « Le climat, angle mort pour les retraites » dans *Le Monde* des 26-27 février 2023, p. 29.

** Publié le 30 octobre 2024. À lire dans *Le Monde* du 31 octobre 2024, p. 9.

167 % par rapport aux années 1990. En enlevant les 65 % liés au vieillissement de la population mondiale, c'est donc 102 % d'augmentation qui sont liés au réchauffement climatique.

De plus, ceux qui fuiront des terres submergées ou devenues stériles seront certainement demandeurs de venir travailler et cotiser en Europe : un *petit remplacement* des cotisants qui serait bienvenu. Ce souhait de recours à l'immigration est plus assumé en Allemagne, par exemple, en raison de sa démographie.

Question : gouvernement et manifestants étaient-ils dans une *communauté du déni* (Michel Fain) ? Ou, au contraire, une part de la révolte des jeunes vient-elle d'une perception de cet avenir hors sujet ?

CHAPITRE PREMIER

Le déni

Freud étudie le déni

C'est dans la seconde partie de son œuvre que Freud explore le déni. Après avoir constaté que le principe de plaisir était mis en échec par la névrose de guerre, il découvre non seulement un *Au-delà du principe de plaisir**, mais aussi un au-delà du refoulement et l'existence du clivage du moi. Cela le mène vers une autre conception de l'Inconscient, qui n'est plus une instance mais une qualité psychique répartie entre bien sûr le ça, réserve pulsionnelle à l'interface du corps, mais aussi avec le moi et le surmoi.

---

* Sigmund Freud, « Au-delà du principe de plaisir » [1920], in *Œuvres complètes, vol. XV, 1916-1920*, Paris, Puf, 1996, p. 273-338.

Le « *je sais bien…, mais quand même…* » signe pour Freud le déni de réalité. Le clivage du moi qui en résulte fait coexister les contradictoires pour protéger de la menace de la castration, ou de la douleur de la perte et du deuil qu'il imposerait. Freud le décrit dans *Le Fétichisme* en 1927*, dans l'étude des perversions sexuelles, mais en citant d'emblée aussi l'exemple de deux jeunes hommes qui avaient en commun d'avoir « scotomisé » la mort de leur père survenue dans leurs deuxième et dixième années**. Un scotome est une partie du champ visuel qui ne perçoit plus la réalité externe, devenant une tache aveugle. Malgré ce déni de la réalité, ils n'étaient pas devenus psychotiques pour autant. Une partie de leur psychisme avait parfaitement tenu compte de la mort de ce père aimé, coexistant avec une autre qui ne l'avait pas reconnue. Donc au prix d'un clivage de leur moi. Leurs devenirs nous intéressent : l'un était devenu un névrosé avec des symptômes obsessionnels dont le doute fait partie, l'autre n'arrivait jamais à prendre une décision dans sa vie. Le clivage du moi présente l'avantage d'une solution de compromis, non seulement au prix lourd d'une faille dans son

---

* Sigmund Freud, « Fétichisme » [1927], in *Œuvres complètes, vol. XVIII, 1926-1930,* Paris, Puf, 1994, p. 123-131.
** *Ibid.*, p. 129.

unité, mais aussi avec la conséquence *d'arrêter le temps et de paralyser l'action.*

Si la douleur est trop insupportable, une partie du moi se détourne de la réalité, comme se souvient Alain Bosquet* : « *Je sais bien* que mon père est mort, *je sais bien* que mon père est mort, *mais* pourquoi ne rentre-t-il pas dîner** ? » Collectivement, est-ce la menace de la privation de nos plaisirs et de notre puissance que nous dénions avec la réalité de la rapidité du changement climatique ? Ou la reconnaissance de la perte irréversible de notre vie d'avant et du deuil qu'elle impose ?

Nous n'avons pas limité le déni à son usage par la perversion du sujet pour contourner l'angoisse de castration en prenant d'emblée en compte aussi sa fonction de protection contre la douleur et la perte.

La « confusion de langue » pour Sándor Ferenczi

Le déni porte donc sur la souffrance. Celle du sujet dans le cas précédent. Ferenczi va introduire

---

* Alain Bosquet, « Pour mon père », in *Le Monde est idiot*, Paris, Gallimard, 1972.
** Mes italiques.

le mécanisme de l'identification de la victime à l'agresseur. C'est celui qui permet par exemple ce que l'on a désigné comme syndrome de Stockholm, lorsque des otages prennent le parti des ravisseurs. Mais le déni n'est pas seulement chez la victime. Dans le cas d'une agression, le déni peut encore être celui par l'agresseur quant à la souffrance de la victime. Ferenczi a proposé une compréhension précieuse des situations de traumatismes sexuels très précoces où se produit une « confusion de langue entre les adultes et l'enfant* », entre *le langage de la tendresse* de l'enfant – amour avec possible érotisation – et celui de *la passion* de l'adulte – excitation sexuelle empreinte de culpabilité et de haine, qui veut obtenir sa décharge, avec sa composante d'anéantissement dans l'orgasme**. Il considère que c'est le déni de la souffrance de l'enfant – constant chez les pédophiles – qui va entraîner chez l'enfant au moi encore poreux l'*identification à l'agresseur* et l'introjection de la culpabilité dont ce dernier se défausse. La culpabilité est alors implantée violemment dans la psyché infantile. Ferenczi parle d'une *intropression*

* Sándor Ferenczi, Confusion de langue entre les adultes et l'enfant. Le langage de la tendresse et de la passion [1932], in *Œuvres complètes. Psychanalyse, t. IV, 1927-1933*, Paris, Payot, 1982.
** *Ibid.*, p. 134.

surmoïque. « L'agresseur se comporte comme si de rien n'était, et se console avec l'idée : "Oh, ce n'est qu'un enfant, il ne sait rien encore, il oubliera tout cela." » L'enfant en restera lui-même clivé : « L'enfant dont on a abusé devient un être qui obéit mécaniquement, ou qui se bute ; mais il ne peut plus se rendre compte des raisons de cette attitude*. »

« Je sais bien, mais quand même... » d'Octave Mannoni : déni et croyance

Je sais bien, mais quand même, est le titre d'un texte d'Octave Mannoni** qui insiste sur le rapport qu'entretient le déni (*Verleugung*) avec la croyance. Convoquant l'ethnographie***, il montre chez les Indiens Hopi de l'Arizona la croyance des enfants que les Masques (les Katcina) qui dansent et menacent de les manger sont des esprits. Leurs mères apaisent les Masques et sauvent leurs enfants en donnant aux Katcina des

* *Ibid.*, p. 131.

** Octave Mannoni, *Je sais bien, mais quand même...* [1964], Paris, Seuil, 2022.

*** Don C. Talayesva, *Soleil hopi : l'autobiographie d'un Indien hopi,* Paris, Plon, « Terre humaine, civilisations et sociétés », 1959.

morceaux de viande, qui donnent en retour des boulettes de maïs aux enfants. Ces pères Noël un peu féroces sont donc, comme chez nous, mis en scène par les parents complices et, lors de l'initiation des enfants, les pères et les oncles dansent en enlevant leurs masques, désillusionant cruellement ceux qui les prenaient pour des dieux. Mannoni conclut :

> Mais ce qui sera à bon droit ahurissant, c'est que cette cérémonie de démystification et le démenti infligé aux Katcina vont être le fondement institutionnel de la nouvelle croyance aux Katcina, qui constitue la partie essentielle de la religion hopi. [...] Maintenant, dit-on aux enfants, vous savez que les *vrais* Katcina ne viennent plus danser *comme autrefois* dans les pueblos*.

L'auteur précise : « Je sais bien que les Katcina ne sont pas des esprits, ce sont mes pères et oncles, mais quand même les Katcina sont là quand mes pères et oncles dansent masqués**. » Une note fait ici référence aux *Pensées* de Pascal : « "Quand la parole de Dieu, qui est véritable, est fausse

* Octave Mannoni, *Je sais bien, mais quand même..., op. cit.*, p. 34-38.
** *Ibid.*, p. 38-39.

littéralement, elle est vraie spirituellement." (Elle est véritable *quand même.*) » Notons quant à nous que la croyance fait ici coexister *deux temps différents* et non seulement deux parties du moi. L'une de ces temporalités s'enracine alors dans l'enfance en proximité et continuité avec ses expériences que Donald Winnicott qualifiait de transitionnelles et qui participent à la richesse créative humaine. Rappelons que pour Winnicott, une aire transitionnelle entre le sujet et l'objet au début de la vie psychique crée la possibilité d'une illusion heureuse qui met en suspens le caractère interne ou externe de l'objet, favorise la créativité et *prépare* la reconnaissance ultérieure de la réalité et de l'altérité. Il n'en sera pas de même plus tard si nos illusions nous servent à méconnaître la réalité et ses dangers.

Qui sont nos dieux d'aujourd'hui ?

Le déni nous permet-il de conserver *quand même* notre croyance infantile aux dieux de l'abondance, celle de la société de consommation – notre principale religion, dont Amazon est un bon clergé ? Trois jours avant sa mort d'une overdose, Janis Joplin implorait Dieu : « *Oh Lord, won't you buy me a Mercedes Benz ?* »

Oh Seigneur, m'achèterais-tu une Mercedes Benz ?
Tous mes amis conduisent des Porsche, il faut que je m'aligne.
J'ai travaillé dur toute ma vie, sans l'aide de mes amis.
Alors Seigneur, m'achèterais-tu une Mercedes Benz ?

Mais en appeler à Dieu est un peu daté : peut-être idolâtrons-nous aujourd'hui directement nos marques et objets fétiches.

La « communauté du déni » selon Michel Fain, lien interhumain

Les croyances sont un très puissant lien entre les humains, comme les religions et les idéologies le démontrent. Mais des dénis partagés – imposés... – vont également structurer par une commune méconnaissance de beaucoup plus petits groupes et bien entendu la famille ou le couple.

Michel Fain a souligné ce mode particulier de lien entre êtres humains qui met en jeu une identification dans une « communauté du déni » qui les lie dans un pacte aliénant*. C'est bien sûr le cas

* Michel Fain, *Le Désir de l'interprète*, Paris, Aubier Montaigne, 1982.

dans le déni de la mort, qui fonde nombre de religions. Reprenant l'analogie freudienne sur le rôle pare-excitant de la couche de cellules mortes de notre épiderme et la métaphore du scotome visuel, Michel Fain compare cruellement le déni au fait de préférer « devenir borgne plutôt que de porter des lunettes de soleil ». Il convoque une mortification du moi apte à percevoir la réalité, non pas partiellement pour en atténuer l'excitation – processus sain – mais « pour sidérer la partie vivante apte à opérer la perception de cette zone de réalité déniée* ». Il donne par ailleurs au déni une portée plus générale dans les groupes humains – y compris les écoles de psychanalyse – et bien entendu dans le groupe familial. À ce propos, le clivage qui convoque le fétichisme et l'angoisse de castration devant la différence des sexes n'est à nouveau pas le seul concerné, mais aussi celui permettant par le déni l'évitement du deuil.

L'auteur donne l'exemple d'une enfant née après la mort d'une sœur dans un accident de la circulation. Sa mère s'en sentait responsable, ayant accepté que, « pour gagner du temps », sa fille aille à vélo à l'école, ce qui lui avait été fatal dès le premier voyage. L'enfant née ensuite semblait chargée d'une assignation non seulement à la

* *Ibid.*, p. 117.

remplacer, mais aussi à en nier la disparition. Elle avait fait sienne cette mission évidemment impossible. Le caractère mutilant de cette communauté du déni fut qu'au lieu de s'occuper attentivement de leur nouvelle fille, les parents se réfugièrent dans des activités caritatives au bénéfice de l'enfance en danger. De son côté, l'enfant avait intériorisé qu'en étant elle-même elle aurait confronté douloureusement ses parents à la perte de son aînée et, qu'en même temps, elle échouait à la remplacer. C'est ce sentiment d'être fondamentalement décevante qui se révéla dans la consultation*. Notons dans cet exemple qu'intervient la culpabilité, ce qui pourrait concerner une humanité en partie consciente de sa responsabilité dans le réchauffement climatique.

Tant dans l'évitement de la castration de notre puissance infinie que pour éviter son deuil, l'idée d'un pacte collectif dans le déni, assurant la cohésion du groupe humain même au prix de l'aliénation et de conséquences mutilantes, est particulièrement adéquate à notre problématique.

---

* *Ibid.*, p. 107-119.

Clivage fonctionnel ou clivage structurel ?

Le clivage, cette faille dans le moi qui peut accompagner des organisations pathologiques psychiatriques, est-il toujours cassure irréversible ? Dans une psychopathologie inspirée par la psychanalyse, les singularités psychiques ne sont pas tout ou rien ; une réversibilité peut exister, et c'est l'intensité de l'économie psychique à l'œuvre qui déterminera les conséquences pathologiques ou non d'un mécanisme de défense. La plasticité neuronale découverte par les scientifiques va dans le sens de l'intérêt de considérer dans le psychisme des formes de passage entre organisations normale et pathologique, et une évolutivité possible.

Gérard Bayle, dans les travaux qu'il a consacrés aux clivages*, a fait apparaître une différence entre des clivages fonctionnels et des clivages structurels de la personnalité. Ainsi nous avons vu après-guerre que d'anciens déportés avaient gardé le silence – dans une époque qui ne voulait pas les entendre – avec la conscience de cette part d'eux-mêmes interdite d'expression, mais que certains de leurs enfants avaient pu inscrire ce clivage

* Gérard Bayle, « Traumatismes et clivages fonctionnels », *Revue française de psychanalyse*, vol. 52, n° 6, 1988.

dans leurs personnalités même. Ma génération a connu et suivi certains de ces enfants de survivants. Gérard Bayle soutenait qu'il existait entre ces deux clivages des formes de passage en pente douce, comme l'est l'*estran*, cette part du rivage qui est parfois terre et parfois sous la mer. Il me semble clair que le déni massif qui concerne le changement climatique reste pour le moment la conséquence d'un clivage fonctionnel, mais il entre en résonance avec un clivage structurel des humains dès que leur univers est trop radicalement mis en cause. C'est alors la réalité qui est sacrifiée. Cette répartition qualitative du clivage dans notre psyché collective est une question essentielle pour la possibilité ou non de l'entamer, de le faire évoluer.

Bernard Penot a étudié le rapport existant entre des dénis parentaux et l'organisation psychotique de certains adolescents, illustrant également comment la succession des générations peut s'accompagner d'une rigidification psychique structurale*.

---

* Bernard Penot, *Figures du déni : en deçà du négatif*, Toulouse, Érès, 2003.

Conséquence du déni : la paralysie de l'action

Le fait attendrissant que nous continuions à croire au père Noël et qu'il n'y a pas de changement climatique n'est pas une bonne nouvelle. Le déni de la catastrophe en train d'arriver est un facteur puissant pouvant la rendre irréversible. Une série sur Tchernobyl* montrait le refus des responsables de voir la gravité de la catastrophe en train d'arriver, postulée comme impossible et donc impensable. L'échec total que cela représente ne peut se concevoir, les indicateurs objectifs, les cadrans des appareils de mesure sont vus mais non perçus. Ce déni leur faisait prendre des décisions non seulement inappropriées mais surtout aggravantes.

Je me souviens de la séance de cet homme perfectionniste, qui semblait avoir plus construit un idéal du moi exigeant qu'un surmoi plus normalement interdicteur, donc aussi protecteur. Le manque de proximité avec un père récemment disparu et sa rivalité avec son frère jumeau l'avaient amené à entreprendre un traitement psychothérapeutique. Ce jour-là, il était livide. Chirurgien

---

* *Chernobyl,* série créée par Craig Mazin, 2019.

orthopédiste renommé dans une spécialité assez technique, il m'avait dit : « Je n'ai jamais perdu un patient ! » Cela avait justement failli se produire en opérant ce matin-là avant sa séance. Alors qu'il avait les chiffres du rythme cardiaque et de la tension du patient affichés sous les yeux et qu'ils s'effondraient, son cerveau n'enregistrait pas l'impensable. Sa panseuse l'avait secoué brutalement, le tirant de sa stupeur. Il avait alors réalisé ce qui se passait et put arrêter l'hémorragie profonde qui s'était déclarée. Le chirurgien idéal était brisé en arrivant chez moi. Nous pûmes par la suite reconnaître que et le patient et le chirurgien imparfait qu'il me montrait pour la première fois étaient restés tous les deux vivants et, pour le second, plus humain. Soulignons également l'importance de la présence de sa collègue infirmière du bloc, et de leur lien, pour que son regard extérieur fasse gagner de précieuses secondes au dégagement du déni, permis par l'intervention d'un autre.

Dans cet exemple, la sidération de l'action montre qu'un risque vital peut en résulter, si chaque minute compte. Tel pourrait être cependant notre bénéfice du déni : mettre lâchement en suspens l'action si le risque est dans quelques décennies ou à la fin du siècle. Le fait de retarder le moment de la limitation, de la perte, de l'effondrement de l'idéal – « encore un instant, monsieur le bourreau* ! » – à l'échelle planétaire, non seulement ne supprime pas un risque possiblement vital, mais l'augmente.

Pour étudier la double impasse projective – topique et temporelle –, je commencerai par la seconde. Les travaux de François Hartog considèrent à la suite de Paul Ricœur que l'histoire d'une civilisation ne se déploie dans le temps qu'en s'inscrivant dans un récit et privilégient de ce fait la diachronie et le rapport au temps des croyances, parties prenantes du déni. Ceux de Bruno Latour** – apocalypticien *conséquent* aux yeux d'Hartog – les rejoignent plus directement dans la perspective de la menace climatique, revendiquant de nous situer dans une apocalypse déjà advenue *pour* y réagir.

* Les mots de Madame du Barry, avant d'être guillotinée le 8 décembre 1793 sur la place de la Révolution.

** Né en 1947, Bruno Latour est mort en octobre 2022.

CHAPITRE II

Le temps

La temporalité est d'emblée convoquée dans l'impossibilité de réagir face à un danger futur et de s'en défendre en ne regardant que le passé. Le travail de François Hartog sur l'Occident chrétien mérite que l'on s'y attarde par l'articulation qu'il montre entre déni, croyance et temporalité. La menace climatique convoque de manière fréquente l'Apocalypse. La question pertinente apparaîtra avec Bruno Latour : allons-nous vers une Apocalypse ? Ou y sommes-nous déjà ?

François Hartog : *Chronos*

François Hartog livre dans *Chronos. L'Occident aux prises avec le Temps** une puissante réflexion qui nous intéresse à plusieurs titres, articulant temporalités et croyances dans une structure clivante organisant un déni. Il montre également les évolutions de ces organisateurs vers un *présentisme*, puis l'entrée récente de *chronos* dans l'anthropocène. Ceci justifie d'examiner ses propositions sans en réduire la complexité.

Il reprend la distinction grecque qui dissocie le temps, *Chronos*, insaisissable, en *chronos* – le temps qui passe et que l'on mesure – et *kairos* – l'instant, l'inattendu, mais aussi l'occasion à saisir, le moment favorable, l'instant décisif – et en conclut qu'une action bien menée résultera de leur mélange**. Il décrit la figuration de *kairos* par une statue, datant de 330 avant notre ère, d'un jeune homme aux pieds ailés, un rasoir à la main « car il fait coupure », dont les cheveux lui cachent les yeux « pour être saisi par celui qui [le] rencontre » mais qui est chauve à l'arrière du crâne. Le poète

---

* François Hartog, *Chronos. L'Occident aux prises avec le Temps*, Paris, Gallimard, 2020.
** *Ibid.*, p. 22.

qui l'interroge sur cela lui fait répondre : « Parce que nul ne m'agrippera par-derrière, quelque envie qu'il en ait, une fois que je l'aurai dépassé avec mes ailes aux pieds*. » Nul doute que le GIEC pourrait en faire aujourd'hui son emblème avec pertinence !

À *kairos*, François Hartog articule *krisis*, qui pour lui est moins la crise au sens moderne que son dénouement par un jugement – par exemple le résultat d'une bataille. Ils participent tous deux à l'instant décisif : sa saisie et son effet. Son étude du, ou plutôt des, temps de la Bible – avec son jugement dernier – et du christianisme – avec l'incarnation – l'amène à faire apparaître la coexistence de deux temps différents simultanément, ce qui prolonge et généralise à nos yeux les réflexions d'Octave Mannoni sur les Hopi et leurs croyances.

Il considère ainsi qu'« Adam a été expulsé du temps *kairos* pour tomber dans le temps *chronos* avec l'humanité à sa suite, alors que Jésus est entré volontairement dans le temps *chronos* pour, parcourant le chemin inverse, rouvrir le temps *kairos*** ». Paul, dans ses épîtres aux Galates et aux Colossiens, affirme que ceux-ci « sont passés du régime de la loi à celui de la foi » et qu'ils n'ont plus

* Le poète Posidippe de Pella sur la statue sculptée par Lysippe, qui fut installée à l'entrée du stade d'Olympie. Cité par François Hartog, *ibid.*, p. 23.

** *Ibid.*, p. 58-59.

de différences de peuple, de statut d'hommes libres ou d'esclaves, ni de sexe masculin ou féminin entre eux « car tous, vous êtes un dans "Jésus Messie". » Mais ce n'est nullement la révolution qui est prônée : rien ne doit changer dans la vie quotidienne. Ainsi, dans l'épître aux Éphésiens, Paul écrit : « Esclaves, obéissez à vos maîtres selon la chair, avec crainte et tremblement et dans la simplicité de votre cœur, comme au Messie. » Les maîtres devront de même « laisser la menace », mais se souvenir que « leur maître et le vôtre est aux cieux et qu'il n'y a pas de partialité chez lui »*. Le clivage du moi et du temps permet leur coexistence et le maintien de l'ordre terrestre. Les choses changeront un peu en Occident lorsque les rois seront de droit divin.

Paul explicite ce clivage en un dédoublement dans un temps contracté de telle sorte que « ceux qui ont une femme soient comme n'en ayant pas, ceux pleurant comme ceux ne pleurant pas ». Le « comme ne pas » étant donc le moyen de faire coexister dans sa vie le temps *kairos* et le temps *chronos***. En note, Hartog précise « qu'il ne s'agit pas de faire semblant mais de vivre en même temps les deux ». Une épître, postérieure à la mort de

* Cités par François Hartog, *ibid.*, p. 59-60.

** Ce clivage conjugal est toujours à la disposition des hommes et des femmes d'aujourd'hui, avec son confort qui se paye de l'unité du moi.

Paul en 67 ou 68, autre décalage temporel, précise que « non, l'Apocalypse n'est pas encore là » pour calmer les ferveurs apocalyptiques.

Soulignons, pour notre réflexion, une bonne définition du clivage, avec cet opérateur négatif spécifique et cette conséquence, importante pour nous, qu'il permet de ne pas agir. Ceci est certes intéressant pour celui ou celle qui a une double vie, permettant de garder les deux. Mais c'est surtout crucial pour l'humanité en train de dangereusement laisser passer le *kairos* d'une action contrôlant le changement climatique pendant qu'il est encore temps.

Pour ne pas peiner les croyants, notons que le clivage religieux chrétien a un avantage humain, bien que niant la réalité de la mort et de la séparation comme le fait un délire : c'est qu'il unit déjà ceux qui croient, ayant de ce fait une valeur que l'on pourrait dire transitionnelle au sens de Winnicott. Les choses sont moins favorables envers ceux qui ne croient pas au même dieu, et nous avons vu que celui qui ne croit pas – ou pire, ne croit plus – rompt la communauté du déni et met donc en danger le pacte dénégatoire. Ces deux éléments ont fait au cours des siècles un nombre considérable de victimes. La domination de la mort par les religions s'est plus vérifiée par d'innombrables passages de vie à trépas que par des résurrections.

Au XVIIIe siècle, le démantèlement du temps chrétien s'engage et verra la victoire de *chronos*. Le temps biblique s'efface: *chronos* devient un acteur qui se suffit à lui-même. La Terre d'abord en fusion s'est peu à peu refroidie et Buffon décrit l'histoire de la nature dont « le grand ouvrier [...] est le temps* ». *L'Origine des espèces* de Darwin portera le coup de grâce en 1882**. Son titre est complété par... *ou les lois du progrès chez les êtres organisés*. Pour Hartog, *Chronos* – avec une majuscule – devient le moteur du progrès de l'humanité guidée par la raison. Le progrès devient son but.

Krisis revient cependant après la révolution – temps *kairos* – et le retour de la « réforme » et des vœux de restaurations, monarchiques ou révolutionnaires. L'Histoire elle-même peut être sacralisée. La crise n'est plus jugement dernier, mais en économie devient, comme en médecine, une étape, dont la répétition peut être la norme.

Pour synchroniser les horloges du monde, le temps du méridien de Greenwich devint en 1884 le temps universel. Mais en 1905, la théorie de la relativité d'Einstein rendit caduque la notion de temps de référence et d'horloge centrale. L'horloge

---

* Cité par F. Hartog, *ibid.*, p. 206.

** Pour l'édition française.

qui voyage à une vitesse proche de celle de la lumière comptera un autre temps. Pour Poincaré, la simultanéité était une convention.

Le XXe siècle verra la marche du temps et de l'histoire revendiquée comme but politique tant par Staline – qui veut « marcher à toute vapeur vers l'industrialisation, le socialisme » – que par Mao Zedong qui appelle à « un grand bond en avant ». Hartog ne s'est pas intéressé au récit que produit l'idéologie nazie, particulièrement étudié par Johann Chapoutot*. Celui-ci souligne que ce récit quasi religieux qui promet un Reich millénaire opère un retour à la Grèce antique, postulée germanique, dans une révolution culturelle au sens étymologique : un retour à l'origine. Hitler souligne que « le Juif Saul est devenu Paul » et que « le Juif Mordechai est devenu Marx »**. La pureté biologique de la race est l'idéal. « Il s'agit de revenir à l'origine, à la bête blonde qui vivait selon son instinct, et non selon les lois léguées par les (judéo-)chrétiens. Pas d'homme nouveau chez les nazis : l'archétype, c'est bel et bien l'archaïque***. » On peut noter sur ce point une convergence avec le travail de Laurence Kahn sur l'appropriation nazie

---

* Johann Chapoutot, *Le Grand Récit. Introduction à l'histoire de notre temps*, Paris, Puf, 2021.

** *Ibid.*, p. 144.

*** *Ibid.*, p. 145.

des mots de la psychanalyse, celui de pulsion par exemple*.

Les guerres mondiales, la crise de 1929 vont attaquer le dieu progrès. « Nous autres civilisations, nous savons maintenant que nous sommes mortelles », écrit Valéry en 1919. Walter Benjamin, peu avant son suicide, convoque en 1940 une « conjonction fulgurante entre un moment du présent et un moment du passé** ». Un futur transfiguré donne toute sa place au simultané du non-simultané (qui ainsi revient). Puis Auschwitz et Hiroshima brisent *Chronos*. Michel Serres écrit : « Aux camps d'extermination répondent Nagasaki et Hiroshima, qui ont tout autant déchiré l'histoire et les consciences et, dans les deux cas, de manière radicale, en attaquant les racines mêmes de l'humanité : non seulement le temps de l'histoire mais celui de l'hominisation***. »

Après la guerre, le procès de Nuremberg et le plan Marshall remettent en marche un *temps chronos de progrès*. François Hartog note cependant que le crime contre l'humanité instaure un nouveau temps suspendu du fait de l'imprescriptibilité qui le

---

* Laurence Kahn, *Ce que le nazisme a fait à la psychanalyse*, Paris, Puf, 2018.

** Cités par François Hartog, *Chronos...*, *op. cit.*, p. 260.

*** Michel Serres, *Éclaircissements*, Paris, François Bourin, 1992, p. 13, cité par F. Hartog.

caractérise. Rappelons que Nathalie Zaltzman* a souligné que ce progrès de la civilisation s'accompagne d'un déni : en privant le criminel de la prescription dont doit pouvoir bénéficier tout humain, le crime contre l'humanité en retranche le criminel, et l'humanité s'exonère du crime.

L'auteur fait ensuite le procès du *présentisme* actuel, qui me semble annoncé dans les années 1970 par le structuralisme et son parti temporel synchronique. Sensible à l'*accélération* exponentielle décrite par Hartmut Rosa**, il constate la disparition des possibilités de réforme qui accompagne le règne du présent, la pauvreté politique – le temps de réaction primant sur l'action – et celle de l'information continue, puis instantanée sur les réseaux sociaux. Le tweet remplace le récit. Je reviendrai sur la rencontre du *présentisme* avec la dimension *actuelle* pour les psychanalystes et celle de l'*opératoire* pour les psychosomaticiens.

François Hartog en constate les dégâts sur les organisations publiques, l'école devant traiter le long terme dans l'immédiateté – par « des savoirs instrumentaux acquis au moindre coût*** ». Il

---

* Nathalie Zaltzman, « Le crime contre l'humanité », in *L'Esprit du mal*, Paris, L'Olivier, 2007, p. 71-83.

** Hartmut Rosa, *Accélération. Une critique sociale du temps*, La Découverte, « Poche », 2013.

*** François Hartog, *Chronos...*, *op. cit.*, p. 285.

rend compte du fait que le système sanitaire, où l'urgence est devenue la règle, s'autoparalyse. J'en donnerai une illustration en psychiatrie.

De manière un peu surprenante, mais logique, Hartog rapproche le temps présent du fondamentalisme de Daech.

> Avant le prophète, il n'y a rien qu'un passé à faire disparaître (les ruines à dynamiter), et entre le Prophète et eux, il n'y a qu'un présent ouvrant sur l'apocalypse*.

J'y ai vu pour ma part un Moi-Idéal dans une désintrication pulsionnelle complète des pulsions de vie et de mort. Pulsion de vie désintriquée assurant en collage l'union éternelle au meneur, pulsion de mort dans le désinvestissement total de la vie du sujet**.

Il considère que leur usage de l'image relève du présentisme le plus délibéré : « Daech tue et filme en exploitant l'immédiateté du numérique***. »

---

* *Ibid.*, p. 292.

** Denys Ribas, « Survivre, revivre, vivre », in E. Chauvet, L. Danon-Boileau (dir.), *Psychanalyse et Terrorisme. L'effroi peut-il s'élaborer ?*, Paris, Puf, 2017 et Denys Ribas, « Un sectaire mortifère », in P. Denis, J. Schaeffer (dir.), *Sectes*, Paris, Puf, 1999, p. 135-147.

*** François Hartog, *Chronos…, op. cit.*, p. 293.

L'effroyable attaque d'Israël par le Hamas le 7 octobre 2023 illustre récemment et tragiquement l'efficacité qui en résulte.

Hartog remarque enfin les écarts entre ceux qui bénéficient du présent mondialisé et ceux qui le vivent comme précarité permanente, ou encore ceux qui ne sont plus émigrants ou immigrants mais « migrants » sans fin. Pour lui, ces « discordances des temps » ne produisent pas, mais accentuent le conflit social.

L'anthropocène

Avec l'anthropocène, l'historien philosophe va d'une certaine manière sortir de notre seul champ de la psyché collective, *Kultur* (ou « civilisation » dans les premières traductions de Freud), pour considérer le temps aussi dans sa réalité géologique. Ce qui pose le problème de différencier ce que le psychisme ne peut intégrer en profondeur de la connaissance scientifique – dont à mes yeux l'irreprésentabilité du temps ou le hasard – de ce qui est dénié, impliquant au contraire une reconnaissance, au moins partielle, révélée par la *méconnaissance*.

Après avoir mentionné, comme nous l'avons fait, un mouvement de sortie du présentisme par le retour vers un passé mythifié qu'illustre aussi pour lui le slogan de Donald Trump *Make America great again*, François Hartog prend en considération

> … le surgissement récent d'une menace porteuse d'un temps *chronos* inédit : celui de l'Anthropocène. […] Tout d'un coup en effet, le présentisme, ce temps qui n'a cessé de se réduire jusqu'à presque disparaître, se trouve confronté à un temps *chronos, et rien que chronos,* qui se compte en millions et en milliards d'années. Tout se passe comme si ce nouveau *chronos* venait faire éclater la bulle présentiste, obligeant ses occupants à regarder au-delà de leurs pieds ou de leurs retours sur investissement. Le futur est bel et bien là : un futur qui, tout à la fois, n'est pas à notre main, ne l'est plus, et l'est encore un peu*.

Considérant que si la catastrophe, forme négative de l'événement, est souvent présente dans le présentisme, elle est tout autant mobilisée par l'anthropocène comme actuellement en marche ou comme finale – la sixième extinction des espèces terrestres –, réintroduisant ainsi l'apocalypse.

Les êtres humains sont pour François Hartog à la fois contraints par la révolution numérique

---

* *Ibid.*, p. 296-297.

à vivre un *chronos* fait de nanosecondes*, et confrontés au temps incommensurable de la Terre de l'anthropocène, un *chronos* très long qui « s'ouvre sous leurs pas, ou pour prendre une autre image, se dresse devant eux ». « L'avenir immédiat semble s'engloutir dans un temps *chronos* qui échappe à toute prise. On pourrait y voir une nouvelle version de la figure mythologique du dieu dévorant ses enfants : un *Chronos* proprement chronophage. »

Et il s'interroge : « Entre le temps de l'Anthropocène et celui des microprocesseurs, que pourrait être un temps historique ou un nouveau temps historique** ? » Peut-on en extraire un régime anthropocénique d'historicité ayant une valeur heuristique ?

Alors que nous ne pouvons avoir d'expérience directe de l'anthropocène, ni ne pouvons nous voir en tant qu'espèce humaine, nous en mesurons les effets négatifs sur le monde et le temps du monde. L'urgence climatique est partout, dans l'illusion présentiste toujours là. Avec une condition numérique

---

* Un milliardième, 10^{-9} seconde. On a pu faire mieux : le prix Nobel de physique a récompensé en 2023 Anne L'Huillier, Pierre Agostini et Ferenc Krausz. La première a obtenu en 1987 un flash de lumière d'une attoseconde, un milliardième de milliardième de seconde (10^{-18} seconde).

** François Hartog, *Chronos...*, *op. cit*, p. 300-301.

structurellement présentiste. Les nombreux écarts de temporalité entraînent une expérience d'écartèlement. « Un régime anthropocénique d'historicité serait la façon de tenir ensemble ces différents écarts (du plus petit au plus grand) mais sans les réduire. » Il faut « prendre en compte des passés, des présents et des futurs qui ont des portées différentes, divergentes, contradictoires même, mais qui forment un *nexus* ou un écheveau de temporalités dont nous nous trouvons, à des titres et degrés divers, partie prenante et aussi agissante* ».

La principale perturbation introduite par l'anthropocène aux temps du monde – passé, présent et avenir – est donc que son temps *chronos* abyssal sans bornes vient justement borner le temps du monde.

> L'émancipation de *Chronos* de l'emprise de *Kairos* et *Krisis* avait été celle d'un long effort pour sortir du temps de la fin des temps et du temps de la fin, constitutif du régime chrétien. Or voici qu'une fin possible, probable se profile, non pas du temps de la Terre mais du temps *chronos* du monde [...]. Le choc est rude. Pas plus le régime moderne d'historicité que le présentisme n'y préparaient**.

---

* *Ibid.*, p. 330.
** *Ibid.*, p. 307.

La réapparition des bornes entraîne la désorientation, le futur devient un temps de la fin,

> un temps qui reste : un temps *chronos* assurément, mais qualitativement différent et qui tend à être perçu comme du présent. Comme l'était déjà le temps chrétien tout entier contenu entre l'Incarnation et la Parousie*, et pris déjà dans l'*aura* du *kairos*. On comprend aisément que cette nouvelle situation puisse susciter des réactions qui vont du déni à toutes les humeurs apocalyptiques, en passant par une course vers le futur soutenue par les innovations technologiques et leurs promesses d'une posthumanité à portée de main**.

Simultanément, en effet, des transhumanistes projettent un homme rapidement augmenté par les progrès de la biologie et sa fusion avec l'intelligence artificielle : ils en appellent au futur, mais un futur qui se doit d'être proche au vu des menaces. Hartog cite Ray Kurzweil qui promet l'émergence de la *singularité* pour 2045***. Notons à ce sujet qu'en novembre 2023, le licenciement de Sam Altman, patron d'OpenAI, suivi de sa réintégration

---

* Retour glorieux du Christ, sur terre, à la fin des temps (CNRTL). Ma note.

** François Hartog, *Chronos…, op. cit,* p. 308.

*** *Ibid.*, p. 298.

triomphale et de l'augmentation de la puissance de Microsoft* au sein d'OpenAI, témoigne d'un schisme des développeurs de l'intelligence artificielle entre « accélérationnistes » et « décélérationnistes », selon l'anticipation qu'elle participe au sauvetage ou à la destruction de l'humanité. Le sauvetage ainsi rêvé serait probablement que l'intelligence artificielle permette aux humains de domestiquer la fusion atomique, car nous ne manquerions pas de son combustible : l'eau de mer.

Mais *kairos* et *krisis* rôdent à la lisière : cette fin ressemble à un jugement établissant les culpabilités des humains. « Restituer *Chronos* comme temps de la Terre a pour effet de destituer l'humanité qui avec le temps moderne s'était instituée comme dernière époque et horizon indépassable**. » François Hartog ne suit pas ceux qui rouvrent les archives pour faire l'inventaire des choix erronés dans une « histoire à rebrousse-poil » qui tient à faire le procès du capitalisme. Il relie cette question à celle du début effectif de l'Anthropocène. Avec l'agriculture au néolithique ? À la conquête

* *Le Monde*, publié le 30 novembre par Alexandre Piquard, https://www.lemonde.fr/idees/article/2023/11/30/l-affaire-sam-altman-a-montre-que-les-catastrophistes-de-l-intelligence-artificielle-ont-perdu-une-bataille_6203157_3232.html.

** François Hartog, *Chronos…, op. cit*, p. 308.

du Nouveau Monde ? Plus tard, lors de la révolution industrielle ? Il se rallie quant à lui à ceux qui prennent en compte l'accroissement rapide de l'impact humain sur la Terre dans les années 1950. Mais prendre en compte les relations de pouvoir des hommes ne lui semble pas suffisant, ne rendant pas compte de « l'inédit de la situation ». Il considère qu'il est nécessaire de compléter ces analyses : « Le second angle amène à sortir du bref temps du monde, encore plus court si l'on s'en tient au temps moderne, pour le réinsérer dans le temps long de l'évolution, celui de la *Deep History**, et, plus encore, dans celui de la planète**. »

Pour décrire « l'intrusion de ce passé nouveau » Chakrabarty prend l'image d'une chute : « Nous sommes tombés dans l'histoire "profonde", dans les profondeurs du temps géologique***. » Si le futur des cinq milliards d'années à venir est irreprésentable, si le futur du présentisme des dernières décennies était à très court rayon, « la torsion la plus forte et la plus désorientante que l'Anthropocène fait au futur comme catégorie temporelle est la réalité d'un futur encore loin d'advenir et,

* Andrew Shrylock, Daniel Lord Smail, *Deep History. The Architecture of Past and Present*, Berkeley, The University of California Press, 2011. (Note de l'auteur.)
** François Hartog, *Chronos...*, *op. cit*, p. 309.
*** Cité dans *ibid.*, p. 309-310.

pourtant, déjà en partie joué. Nous sommes ainsi assurés d'avoir altéré le climat pour les cent mille ans à venir (David Archer)* ».

Hartog précise pour finir la grande différence de l'anthropocène avec le temps chrétien : le premier ne contient que du temps *chronos*. « Le système de la Terre n'est pas Dieu et "l'Événement" Anthropocène n'est pas un analogon (même négatif) de l'Incarnation, même s'il est unique, sans précédent dans l'histoire humaine et ouvre un temps nouveau**. »

Réflexions sur le temps

Je ne suis pas sûr que le climatoscepticisme de nos contemporains résulte directement de la culpabilité ou de la sidération d'avoir provoqué la bascule dans une nouvelle ère géologique pour au moins 100 000 ans, qui me semble plutôt une passionnante découverte à d'urgence leur faire mieux connaître. Le télescopage des temporalités est intéressant à penser ainsi en tentant d'articuler le pur *chronos* du temps de la Terre et sa difficile subjectivation humaine. Remarquons que Hartog

---

* *Ibid.*, p. 310-311.
** *Ibid., p. 328.*

nous met en garde contre la ressemblance entre cette intrusion d'une nouvelle temporalité et le temps organisé par la croyance religieuse. À l'appui de leur différenciation, nous pouvons faire le constat que nous n'avons pas vu se développer avec le changement climatique une nouvelle religion, celle d'une Mère Nature offensée à défendre de manière violente. Pourtant, sa manière actuelle de parfois se venger brutalement et sans prévenir siérait bien à une divinité primitive. C'est d'autant plus instructif que nous avons vu des angoisses millénaristes puissantes à l'approche de l'an 2000, chiffre rond fixé par convention dans le calendrier chrétien. Les prédictions d'une menace planétaire font moins d'effet.

À l'appui de sa mise en garde, il est important de souligner une inversion. Le clivage du temps religieux dénie la souffrance et l'injustice du présent en croyant en une réunion future et éternelle. Le déni actuel refuse la menace sur le présent plaisant et confortable – pour ceux qui en jouissent – que fait peser l'évolution climatique. Son échelle géologique, ici soulignée, n'est pas indispensable pour refuser d'en tenir compte. Nous proposerons d'envisager des mécanismes plus archaïques et rudimentaires – mais d'autant plus puissants – à l'œuvre dans la force du déni actuel dans le psychisme collectif.

Les temps psychiques pour la psychanalyse

En revanche, une convergence apparaît entre ce *nexus* temporel auquel arrive aujourd'hui François Hartog et l'évolution de la conception psychanalytique du temps. Freud nous avait habitués à une opposition entre le temps vécu consciemment et une atemporalité de l'inconscient – *zeitlos* – de sa première topique de l'appareil psychique*. La trace mnésique était conservée sur la cire du *bloc magique* une fois le feuillet d'inscription décollé**. La psychanalyse pouvait donc lever l'amnésie infantile des souvenirs refoulés. Freud postulait par ailleurs une perception endopsychique discontinue du temps. Mais il s'appuyait aussi sur des fantasmes originaires, voire sur la phylogenèse, instituant du déjà-là avant la naissance psychique, tout en prenant en compte une génétique, progression avec le temps, de sa construction. Cette dernière garde son intérêt, comme nous le verrons

---

* Constitué par des instances : Conscient, Préconscient, Inconscient, différenciées par leur degré de conscience.

** Freud prend l'exemple du « bloc magique » permettant d'effacer ce qui est écrit en décollant le feuillet de la cire qu'il recouvre, mais laissant une trace dans la cire. Sigmund Freud, Note sur le « Bloc magique » [1924], in *Œuvres complètes, vol. XVII, 1923-1925*, Paris, Puf, 1992, p. 137-143.

à propos de l'analité. Il fallut en plus reconnaître les effets psychiques de *l'après-coup*. Ainsi, une situation vécue devient traumatique lorsqu'elle prend, après-coup, une signification sexuelle. On s'en convainc aisément lorsqu'on regarde le début d'un film après en avoir vu la fin, qui démasque certains protagonistes. *Après-coup*, on ne voit pas le même film. Dans la seconde théorie des pulsions qui accompagne la seconde topique* après 1920, avec un *ça* qui ignore le temps et l'introduction d'une pulsion de mort voulant ramener l'individu à l'inanimé, une autre temporalité apparaît. Plus encore, avec la névrose traumatique et ses rêves répétitifs, avec la réaction thérapeutique négative, est mise à jour la compulsion de répétition à l'œuvre dans le psychisme. Celle-ci détrône le principe de plaisir qui régnait sur le rêve et la vie psychique. Nous sommes cependant bien loin d'une théorisation abstraite. C'est une raison convaincante aujourd'hui de faire une psychanalyse que de constater dans notre vie que nous répétons les mêmes impasses ou échecs. Une première bifurcation se situe avec le sens que l'on donnera à cette compulsion de répétition : est-elle une ligne de base de la vie psychique ? Francis Pasche la considérait

* Le moi, le ça et le surmoi. Ces trois espaces psychiques ont une part au moins inconsciente.

ainsi comme « l'instinct de l'instinct* ». Ou au contraire la répétition est-elle – ou peut-elle devenir – le but de retrouver la même déception ou la même défaite *pour* enfin avoir satisfaction ou sa revanche ? Les guerres franco-allemandes de 1870, 1914-1918 et 1939-1945 ont ainsi montré combien il a fallu retourner sur le terrain de la défaite pour y prendre sa revanche.

La complexité et la singularité des organisations psychiques ont amené ensuite les psychanalystes à constater que les temporalités sont aussi variables, et entre les structures psychiques, et entre les individus. Ainsi avec Winnicott et *La Crainte de l'effondrement*** comprise comme la projection dans l'avenir d'une catastrophe qui a été traversée sans pouvoir être éprouvée. La crainte de la mort à venir se révèle alors celle d'une catastrophe qui a déjà eu lieu à l'époque où le moi de l'enfant aurait pu en être détruit. Quel est dans ce cas le statut temporel des traces de ce passé non éprouvé à venir ? André Green en vient en tout cas

---

* Francis Pasche, « Des concepts métapsychologiques de base », *Revue française de Psychanalyse*, vol. 49, n° 15, 1985 et in *Le Sens de la psychanalyse*, Paris, Puf, 1998, p. 215-230.

** Donald W. Winnicott, « La crainte de l'effondrement », *Nouvelle revue de psychanalyse*, n° 11, « Figures du vide », 1975 et *La Crainte de l'effondrement et autres situations cliniques*, Paris, Gallimard, 2000.

pour sa part à faire le constat dans le psychisme d'un *temps éclaté**.

En m'occupant d'enfants autistes, j'ai été intéressé par les propositions de Donald Meltzer** qui a construit au contraire une articulation progressive de l'espace et du temps dans la construction psychique. Il situe le psychisme autistique régi par l'identification adhésive – lien en collage – dans un temps et un espace spécifique : temps circulaire et espace *bidimensionnel*. La stéréotypie autistique en donne l'exemple. C'est l'accès à l'identification projective qui donne la possibilité d'utiliser des contenants – du *self**** et de l'objet – pour y projeter des parts de soi-même ou s'accaparer des parties de l'autre. Soulignons que la projection intervient alors dans la construction du temps. On en sait l'importance pour l'élaboration psychique et la symbolisation et Bion en a souligné la participation à la construction psychique, mettant en parallèle la rêverie maternelle et la fonction contenante et symbolisante de l'analyste. Le

* André Green, *Le Temps éclaté*, Paris, Minuit, 2000.

** Donald Meltzer et al., *Explorations dans le monde de l'autisme* [1975], trad. G. Haag, M. Haag, L. Iselin, A. Maufras du Chatellier, et G. Nagler, Paris, Payot, 1980, 256 p.

*** Le self des anglais n'est pas exactement un moi au sens freudien, plutôt un soi, un « Je » avec une ébauche de continuité temporelle.

temps devient alors un axe réversible, du fait de la mégalomanie, et l'espace accède à la *tridimensionnalité*, permettant les fonctionnements et communications psychotiques. L'autoengendrement y est possible et aucune perte n'est définitive, mais aucune sécurité non plus. Seule l'intégration d'un temps à la flèche irréversible par l'élaboration de la position dépressive et du deuil donnera accès à la *quadridimensionnalité* qui permet l'accès à une organisation œdipienne. Le désir peut alors s'y développer et s'articuler à un projet.

Pulsion de mort et temps

Mon travail avec les autistes et la découverte dans l'autisme d'une désintrication pulsionnelle très poussée entre pulsion de vie et pulsion de mort m'ont aidé à proposer de chercher dans le temps du monde physique – on rejoint ici le *chronos* du temps géologique – l'énergie qui semble absente dans la pulsion de mort œuvrant pour Freud à ramener l'individu à l'inanimé*. Il n'est déjà pas faux que le temps nous tuera tous. Mais

* Raison du refus par certains psychanalystes de l'idée même d'une pulsion de mort : comment une pulsion peut-elle exister sans énergie ?

j'ai proposé en 1989* de prendre en compte l'entropie à l'œuvre dans le monde physique et donc également dans le biologique. Il me semble qu'en permanence l'entropie ramène vers le calme et la mort, et cela se réalise dans le biologique lorsqu'un médiateur cérébral se dilue avec le temps. Cela peut exister aussi dans le psychisme. Ainsi dans l'autisme, Donald Meltzer décrit le *démantèlement* comme un clivage passif de la personnalité, sans angoisse, et l'illustre par l'image de ce qui se passe quand on laisse le temps et les intempéries disjoindre les pierres d'un mur. Image donc d'une action physique de lente destruction d'une construction avec le temps. Remarquons que cela se produit dans un jardin lorsque l'on désinvestit de veiller à sa bonne tenue. Dans le psychisme, d'autres psychanalystes ont fait appel à une idée proche dans d'autres domaines. Ainsi Pierre Marty dans sa description des malades susceptibles de désorganisations psychosomatiques n'y voyait pas une pulsion de mort à l'œuvre mais des *Mouvements individuels de vie et de mort***

---

* Denys Ribas, « Pulsion de mort et temps », *Revue française de psychanalyse*, vol. 53, n° 2, 1989, p. 669-680, et in *Les Déliaisons dangereuses*, Puf, 2017, p. 61-66.

** Pierre Marty, *Les Mouvements individuels de vie et de mort*, Paris, Payot, 1979, t. I, *Essai d'économie psychosomatique*.

lorsque certains malades, à l'hôpital, semblent ne plus se battre face à leur maladie organique. Dans une perspective assez jacksonnienne, qui suppose une force de vie œuvrant à l'organisation, il y voyait une force d'inertie contre-évolutive. Je considère pour ma part que dans un dualisme pulsionnel, cette inertie peut se penser comme une pulsion de mort désintriquée de la pulsion de vie. Ce n'est pas ce qui fait se tuer, c'est ce qui fait ne plus lutter, jusqu'à se laisser mourir. Il y a une clinique de la fatigue qui a à voir avec cela comme en a témoigné Gérard Zwec : des patients qui sont *Au bout du rouleau**.

Lorsque le psychisme naît de son interface avec le corps biologique, il s'attribue à mon sens dans sa mégalomanie ce pouvoir du temps physique. Parfois efficacement : nous pouvons « jouer la montre », faire un siège et laisser le temps et la famine tuer l'ennemi**. Il peut nous arriver de *laisser tomber* un ami ou un amour. Ce désinvestissement, opposé de l'agressivité où la haine vise l'objet avec plein d'énergie, investissement qui témoigne alors d'une intrication forte des deux pulsions, n'en est peut-être que plus mortel.

---

* Gérard Szwec, *Au bout du rouleau. Récits cliniques*, Paris, Puf, 2021.

** Situation qui garde en divers points du monde une terrible actualité.

D'ailleurs notre indifférence est assez efficacement meurtrière, par exemple en Méditerranée lorsque des migrants s'y risquent. Ce désinvestissement qui permet de se libérer des liens peut aussi être une ressource de désaliénation, de libération *anarchiste* – Nathalie Zaltzman a ainsi décrit une *pulsion anarchiste** – et de liberté pour en créer de nouveaux.

J'utilise le concept de pulsion de mort au sens de Freud, mouvement qui ramène à l'inerte, car il me semble heuristique dans les cliniques où le psychisme est débordé, comme c'est le cas dans l'autisme ou la psychosomatique. Ce n'est pas une croyance ou une bannière de ralliement. D'autres psychanalystes préfèreront faire appel aux poètes. Ainsi Winnicott qui refuse la spéculation, métaphysique à ses yeux, du Freud qui donne aux pulsions un caractère conservateur et à la pulsion de mort le but d'un retour à l'inanimé. Il sait pourtant quand il médite sur sa vie à l'approche de sa mort mettre en exergue les vers de T. S. Eliot** :

Costing not less than everything
What we call the beginning is often the end

---

* Nathalie Zaltzman, « La pulsion anarchiste », *Topique*, n° 24, 1979, p. 24-64.
** Clare Winnicott, « Donald Winnicott en personne », *L'Arc*, n° 69, p. 28-38.

And to make an end is to make a beginning.
The end is what we start from.

Coûtant rien de moins que tout*
Ce que nous appelons le commencement est souvent
la fin
Et faire une fin, commencer
La fin, c'est de là que nous partons.

Comme il peut aussi dans *La Crainte de l'effondrement***, citer Keats qui se dit « ... *half in love with easeful Death**** » –... presque amoureux de la mort tranquille. Je préfèrerais peut-être traduire plus littéralement « ... à demi épris de la mort apaisante » pour rejoindre l'idée de ce mouvement vers le calme.

---

* Et non pas « moins que rien » comme le propose la traduction de l'article de Clare Winnicott.

** Donald W. Winnicott, « La crainte de l'effondrement », *Nouvelle Revue française de psychanalyse. Figures du vide*, 1975 ; *La Crainte de l'effondrement et autre situations cliniques*, Paris, Gallimard, 2000, p. 212.

*** *Darkling I listen ; and, for many a time*
I have been half in love with easeful Death,
Call'd him soft names in many a mused rhyme,
To take into the air my quiet breath [...]
John Keats, « Ode to a Nightingale », 1819.

Manifestations actuelles de la pulsion de mort

Depuis quelques années, le statut de la réalité est devenu incertain dans les sociétés, en politique ou dans les médias. Je ne suis pas sûr que le déni de la menace climatique l'explique ou en tout cas en soit le moteur essentiel. On peut aussi y voir un effet du présentisme décrit par Hartog : l'absence d'investissement d'un projet qui unisse les hommes, comme la construction européenne l'avait réalisé après-guerre, est un facteur de désintrication pulsionnelle. Le succès mondial des populistes et des vendeurs de haine semble en tout cas répondre à un besoin puissant. Ils vendent en kit un ennemi qui garantit l'identité et un objet à haïr, restaurant une intrication pulsionnelle de la destructivité par sa projection au-dehors. Après l'Amérique du premier mandat de Trump, l'Europe s'était fracturée avec un Brexit qui a menacé la paix en Irlande, et les replis nationalistes continuent à se développer. Les unions se disloquent : la pulsion de mort triomphe. Nous l'avons vu, après une vraie guerre qui s'est rallumée en Europe lorsque la Russie a attaqué l'Ukraine en février 2022, l'attaque sanguinaire d'Israël par le Hamas le 7 octobre 2023 a inéluctablement rallumé la guerre au Proche-Orient, avec ses victimes civiles et les clivages internationaux qu'elle entraîne. Après les élections législatives de 2024 et la dissolution – bien nommée – de l'Assemblée nationale par Emmanuel Macron, la vie politique française s'est fracturée en trois blocs qui la paralysent. La réélection de Donald Trump en novembre 2024 a confirmé l'efficacité et le succès du déni de la réalité des faits au profit de l'attaque et du clivage. Ce dernier peut donc fragmenter une démocratie – pulsion de mort – par ses mécanismes démocratiques de vie eux-mêmes : des élections libres.

Y a-t-il un lien entre la menace climatique qui concerne l'ensemble de la communauté humaine et cette désunion des liens au sein des états démocratiques et entre les blocs qui avaient construit des décennies de paix relative ? On aurait pu s'attendre à l'inverse face à un danger commun : est-ce l'effet du déni ?

D'autres hypothèses qu'une réaction à la nouveauté de la menace climatique sont envisageables : l'histoire nous a montré d'une part que les empires se délitent dans le chaos et d'autre part que les humains préfèrent éviter les vérités dérangeantes. Freud reprenait de la *Psychologie des foules* de Gustave Le Bon* le constat que « les masses n'ont

* Gustave Le Bon, *Psychologie des foules*, Paris, Alcan, 1895.

jamais connu la soif de vérité. Elles exigent des illusions auxquelles elles ne peuvent renoncer* ».

L'apocalypse de Bruno Latour

Dans *Face à Gaïa***, Bruno Latour estime que théologiens et scientifiques font depuis toujours l'erreur épistémologique de penser un globe contenant la totalité de leur objet, mais de fait en le regardant du dehors. Du même coup, la contradiction apparaît dans la difficulté de placer l'univers : à la fois tournant par définition autour de Dieu et en même temps tournant autour de la Terre. Il se réfère aux travaux de Peter Sloterdijk qui écrit :

> Le bifocalisme de l'« image du monde » devait être maintenu dans la latence, sans qu'aucun dialogue explicite ne fût mené sur les contradictions entre le site géocentrique et le site théocentrique de la projection au sein de la bulle illusoire de la *philosophia perennis****.

* Sigmund Freud, *Œuvres complètes, vol. XVI, 1921-1923*, Paris, Puf, 2010, p. 18.

** Bruno Latour, *Face à Gaïa. Huit conférences sur le nouveau régime climatique* [2015], Paris, La Découverte, 2023.

*** Peter Sloterdijk, *Globes. Sphères II*, Paris, Maren Sell, 2010, p. 417-418.

Nous pouvons reconnaître là aussi un clivage. Sa critique me rappelle le théorème d'incomplétude de Gödel – l'arithmétique ne peut se décrire elle-même en totalité – et l'application qu'en fit Guy Le Gaufey au symbolique* : une organisation psychique ne peut s'appréhender seule, ni se décrire de manière complète.

Gaïa

Latour est en accord avec Lovelock pour donner un nouveau nom à la Terre : Gaïa**. Mythologiquement, le terme en est pris chez Hésiode :

---

* Guy Le Gaufey, *L'Incomplétude du symbolique*, Paris, Epel Éditions, 1991.

** Youness Bousenna rappelle (*Le Monde* du 18 mai 2024, p. 26) que James Lovelock, mort en 2022 à 103 ans, chimiste, avait proposé avec la biologiste Lynn Margulis dès 1974 dans la revue Tellus l'idée que « l'ensemble total des organismes vivants qui constituent la biosphère peut agir comme une seule entité pour réguler la composition chimique, le pH en surface et possiblement le climat ». Il souligne l'importance que lui donne Bruno Latour qui en fait un Galilée du XXe siècle, en précisant que Lovelock, qui s'était interrogé sur les conditions d'émergence de la vie en travaillant pour la NASA, avait sur certains points des positions à l'opposé de l'écologie, tant sur le nucléaire que sur le DDT, la pollution ou la couche d'ozone, et travailla aussi pour les services secrets britanniques et des géants de la pétrochimie.

> En vérité aux tout premiers temps naquit Chaos, *l'Abîme*-béant, et ensuite Gaïa, la Terre aux larges flancs – universel séjour à jamais stable des immortels maîtres des cimes de l'Olympe neigeux [...]. Et Éros, celui qui est le plus beau des dieux*.

La mythologie attribue à Gaïa pleine de ruse et d'inventivité d'avoir fait couper par son fils Kronos les parties génitales de son mari Ouranos avec une serpe faite dans le métal blanc qu'elle avait créé.

Lovelock a choisi Gaïa pour nommer plus justement la Terre, une « invention difficile à décrire », qui n'en fait aucunement une divinité :

> L'idée la plus précise que je puisse en donner est que Gaïa est un système évolutif, système composé d'une part, de tous les objets vivants et d'autre part de leur environnement de surface – les océans, l'atmosphère et les roches de la croûte terrestre –, les deux parties étant étroitement *couplées* et *indissociables*. Il s'agit d'un *domaine émergeant*. [...] Dans ce système, l'autorégulation du climat et de la composition chimique est *entièrement automatique. L'autorégulation émerge à mesure que le système évolue*. Ce qui n'implique ni prévision, ni

---

* Hésiode, *Théogonie*, trad. Jean-Pierre Vernant, Paris, Rivages, 1981, p. 65.

anticipation, ni *téléologie* (suggérant un projet ou une intention dans la nature)*.

Ce changement de nom semble destiné à modifier radicalement notre représentation de la Terre. Il faut ainsi cesser de considérer une terre inerte géologique sur laquelle pousse ou non de la vie. Celle-ci a une action essentielle qui participe à l'équilibre chimique de l'air et des océans. L'homme n'est plus non plus, face à une nature. Il en est une composante, *voire une maladie*. Remarquons que malgré cette saisissante identité qui nous est proposée, le mot *parasitisme* n'est pas employé, alors qu'il rend bien compte de l'avidité aveugle qui finit par tuer l'hôte et le parasite lui-même.

Bruno Latour fait à son tour le constat du déni : « Et pourtant, devant la mutation écologique, au lieu de nous agiter dans tous les sens, comme nos ancêtres devant la découverte de terres nouvelles, nous restons de marbre, indifférents, désabusés, comme si, au fond, rien ne pouvait plus nous arriver. C'est cela qu'il faut comprendre**. » « Dans ce cas tout se passe comme si nous avions *décidé de*

---

* James Lovelock, *Gaïa. Une médecine pour la planète*, Paris, Sang de la Terre, 2001, p. 11.
** Bruno Latour, *Face à Gaïa...*, *op. cit.*, p. 239.

rester insensibles aux réactions d'un certain type d'êtres – ceux qui sont liés, en gros, à l'étrange figure de la matière. Autrement dit, ce qu'il faut comprendre, c'est pourquoi nous ne sommes pas de vrais matérialistes*. » « Ce n'est donc pas qu'il n'y ait pas eu d'alerte [...], non, les sirènes hululent à plein régime, mais on décide quand même virilement de ne pas se laisser *inhiber* par les dangers**. » Remarquons que *quand même*, signature du déni, est bien là, et que la croyance va aussi être convoquée. Remarquons aussi la protestation virile soulignée, qu'incarne avec succès un Donald Trump, car nous évoquerons plus loin l'angoisse de castration.

« D'où vient cette étrange manière de chaque fois se jeter dans une aventure les yeux grands fermés ? » L'origine de cette décision en faveur de la désinhibition – tout en inhibant l'enregistrement des conséquences néfastes passées – en est pour lui religieuse ou plutôt *contre-religieuse*, ce en quoi il se rapproche du point de vue d'Hartog. En témoigne pour Latour la résurgence et l'omniprésence du terme d'*apocalypse* dès que l'on parle avec sérieux des mutations écologiques. Cela lui fait souhaiter de répondre qu'effectivement

* *Ibid.*, p. 240.
** *Ibid.*, p. 241.

> la modernité vit tout entière dans l'Apocalypse, ou, plus précisément comme nous allons nous en apercevoir, *après* l'apocalypse. C'est pourquoi elle s'est elle-même condamnée à ne rien comprendre à ce que l'histoire lui apporte de nouveau. Il faut donc accepter de tenir enfin pour de bon un discours apocalyptique au temps présent*.

Il reprend les analyses d'Eric Voegelin, qui oppose *le temps de la fin* à *la fin des temps*. La tradition juive autant que chrétienne avait transformé « le temps de la fin *dans* le temps qui passe » en une « fin des temps possible, prévisible et bien sûr espérée. [...] l'interruption finale *du* temps qui passe »**.

Pour lui, le christianisme impose le doute et l'incertitude, et la tentation de les fuir – contre-religion –, la certitude. Ce n'est pas spécifique à une religion. Latour donne l'exemple tiré d'un film de cet imam lors de la prise de *Timbuktu****, sommé par les djihadistes de ne pas les empêcher de mener le djihad, et qui leur répond « qu'il ne pourrait se permettre une telle arrogance car voilà soixante ans qu'il mène le djihad *contre lui-même*,

---

* *Ibid.*, p. 243.

** *Ibid.*, p. 246.

*** *Timbuktu*, parfois sous-titré *Le Chagrin des oiseaux*, film de Abderrahmane Sissako, 2014.

et qu'il n'est toujours pas sûr de ce que Dieu lui commande* ».

Voegelin relie le gnosticisme médiéval au gnosticisme contemporain, considérant ce dernier comme une excroissance des hérésies chrétiennes du Moyen Âge. À moins que cela soit « les phénomènes médiévaux qui devraient être qualifiés d'antichrétiens du fait qu'ils sont manifestement à l'origine de l'antichristianisme moderne** ».

Latour convoquant ainsi la gnose médiévale, remarquons l'opposition fondamentale entre le dualisme gnostique radical, où la *connaissance* doit éliminer l'ancrage humain dans la matérialité du corps pour se fondre dans la pureté de la divinité suprême***, et la référence écologiste à l'apocalypse, dont la connaissance levant le déni permet au contraire d'inscrire la réalité d'une fin possible du monde dans la réalité du temps qui passe. La connaissance gnostique, révélation intérieure, collabe le temps et l'arrête****.

---

* Bruno Latour, *Face à Gaïa...*, *op. cit.*, p. 256.

** *Ibid.*, p. 257.

*** J'y retrouve pour ma part une identité adhésive dans une désintrication pulsionnelle presque totale, comme on en voit lorsqu'un fanatique commet un attentat suicide, déjà fusionné avec son dieu. La purification s'accompagne toujours d'une désintrication pulsionnelle. Cf. note**, p. 50.

**** Francis Pasche avait souligné ce point dans des conversations que nous avions eues à propos du temps et de sa

L'Occident moderne s'est pensé porteur du salut, cru « civilisation par excellence » et cela caractérise pour Voegelin « une apocalypse de civilisation* ». Latour nous fait d'ailleurs remarquer que cela a effectivement été vécu comme une apocalypse par toutes les civilisations sur lesquelles est tombé l'Occident. Il renverse l'accusation portée contre le discours écologique d'être apocalyptique :

> Ce sont eux, au contraire, en refusant de continuer à vivre dans le temps de la fin, qui ont imposé à toutes les autres civilisations une fin violente. Joseph Conrad et Francis Ford Coppola ont raison : on ne doit pas dire « *Apocalypse Yesterday* », mais toujours « *Apocalypse Now* »**.

---

conception d'un certain apophatisme dans l'effacement de l'analyste dans la cure, au profit du dévoilement de la problématique personnelle du patient et de l'épanouissement de sa personnalité. Il soulignait la nécessaire compensation de la neutralité analytique par la bienveillance et la fiabilité de son écoute et de sa présence dans un cadre de séances de durée et de fréquence fixes. Francis Pasche, « L'imago zéro, une relation de non-dialogue », *Revue française de psychanalyse*, n°4, 1983 ; et in *Le Sens de la psychanalyse*, Paris, Puf, 1988, p115-159.

* *Ibid.*, p. 257.

** *Ibid.*, p. 257.

Ceux pour qui l'apocalypse a déjà eu lieu, ceux qui sont déjà dans l'au-delà qui s'est réalisé – pour ceux qui se sont enrichis – « ont déjà franchi le seuil qui met fin à l'historicité ». C'est là qu'il faut pour Latour chercher l'origine profonde du climato*scepticisme* : « Ils savent, ils entendent mais, au fond, *ils n'y croient pas.* »

Nous retrouvons ici une autre confirmation du lien entre croyance et déni.

La modernité secrètement religieuse pour qui l'apocalypse de la modernité est advenue ne peut pas entendre qu'il y en ait une seconde !

> Le « changement de vie total et radical », ils l'ont déjà accompli, justement en devenant résolument modernes ! [...] Nous dire que nous nous sommes trompés sur le sens de la promesse ! Que la Terre promise de la Modernité devait *rester* promise ! C'est insensé*.

D'une certaine manière, il nous est proposé que nous, nous croyons au paradis du capitalisme. Latour le précise en ajoutant que ce « Paradis sur Terre » pour les uns est aussi un « Enfer sur Terre » pour les autres. Remarquons un retour biblique inattendu : il est assez clair que la connaissance va

---

* *Ibid.*, p. 258.

nous en chasser ! Nous reviendrons sur cet aspect essentiel : la promesse est trahie. Encore faudrait-il que les dirigeants du monde l'assument.

Latour cite Günther Anders*, dans *Le Temps de la fin* :

> La chance nous est offerte de jouer un rôle d'apocalypticiens d'un nouveau genre, à savoir d'« apocalypticien *prophylactiques* ». Si nous nous distinguons des apocalypticiens judéo-chrétiens classiques, ce n'est pas seulement parce que nous *craignons* la fin (qu'ils ont, eux, *espérée*) mais surtout parce que notre passion apocalyptique n'a d'autre objectif que celui d'*empêcher* l'apocalypse. Nous ne sommes apocalypticiens que pour *avoir tort*. Que pour jouir chaque jour à nouveau de la chance d'être là, *ridicules* mais toujours debout**.

Günther Anders – mari d'Hannah Arendt – développait sa thèse en 1960 sous la menace de la destruction atomique du monde.

« Gaïa est aussi peu une figure religieuse qu'une figure séculière. Gaïa, c'est *une injonction pour rematérialiser l'appartenance au monde*, en

* Günther Anders, *Le Temps de la fin*, Paris, L'Herne, 2007.
** Bruno Latour, *Face à Gaïa...*, *op. cit.*, Cité p. 271 (p. 29-30 du livre d'Anders), souligné par Latour.

obligeant à revenir sur le parasitage des contre-religions par le gnosticisme. [...] Gaïa est une *puissance d'historicisation**. »

Latour convoque parfois lui aussi la dimension topique. Partant du tableau *La Grande Clôture* de Caspar David Friedrich** où il découvre un globe affleurant dans les marais des bords de l'Elbe, il s'accorde – avec précaution, car celui-ci fut un juriste nazi – avec Carl Schmitt, qui considérait que la découverte « féerique, inattendue du Nouveau Monde » ne peut se répéter aujourd'hui et qu'ainsi s'évanouit l'ancien *nomos* de la Terre qui avait fait prévaloir un « ordre européocentrique du droit des gens » :

> On ne pourrait imaginer un événement analogue à notre époque que sous des formes fantastiques, en supposant par exemple que, dans leur route vers la Lune, les hommes *rencontrent un corps céleste nouveau, totalement inconnu* jusque-là, et qu'ils pourraient librement exploiter pour *atténuer leur rivalité* sur Terre. De telles fictions ne résolvent pas la question d'un nouveau *nomos* de la Terre. Elle

* *Ibid.*, p. 273.
** *Ibid.* Cité p. 276.

ne se résoudra pas davantage grâce à de nouvelles inventions scientifiques*.

Cette citation, qui s'applique effectivement bien à la problématique climatique, a l'intérêt d'articuler clairement le temps et l'espace en prenant en compte la nouveauté de la finitude du second et les rêves scientifiques et/ou spatiaux qui tentent d'y échapper, ce qu'illustre bien aujourd'hui la croyance en la possible *colonisation* de Mars.

Soulignons cette idée de la terre nouvelle à conquérir, d'un dehors à s'approprier, en remarquant qu'elle éclaire les mouvements de colonisation des XIXe et XXe siècles et la nostalgie qu'en ont certains, même si cela n'avait guère atténué les « rivalités sur Terre » ou des guerres qui s'y sont déployées. Nous allons voir qu'un monde fini sans extérieur en supprime radicalement le recours.

---

* Carl Schmitt, *Le Nomos de la Terre dans le droit des gens du Jus publicum europaeum*, Paris, Puf, 2001, p. 46, cité et souligné par Bruno Latour, *Face à Gaïa…*, *op. cit.*, p. 289-290.

Impasse climatique, impasse temporelle, impasse psychique ?

Cette plongée dans les paradoxes et les vertiges du temps nous fait connaître, avec François Hartog, l'écheveau ancien et profond tissant ensemble temporalité, croyance et déni. La pertinence de ce lien, plus qu'elle ne nous permet d'identifier la cause première du déni de la menace climatique, me semble permettre de rendre compte des conséquences lourdes d'un tel déni sur notre capacité collective de penser un avenir. L'aveuglement et l'appauvrissement d'une culture réduite au présentisme, qui ne regarde qu'en arrière, ont une conséquence tragique : notre privation de la possibilité qui nous reste, limitée mais non nulle, de le changer. Voir Donald Trump le jour de sa seconde investiture choisir à nouveau de quitter l'accord de Paris sur le climat*, alors que les mégafeux de Los Angeles n'étaient pas encore complétement éteints, en fournit *a contrario* une démonstration par l'absurde. La preuve que l'on peut agir : on peut faire advenir pire !

---

* Décision qui devient effective un an après, et permet aux États-Unis de rejoindre… l'Iran, la Lybie et le Yemen. *Le Monde* du 22 janvier 2025, p. 6.

Bruno Latour, quant à lui, nous incite à une révolution mentale dans notre lien avec la Terre, en commençant par changer son nom, et à une révolution tout court : elle ne nous appartient plus, c'est nous qui lui appartenons.

Nous reviendrons plus tard à ce travail « d'apocalypticien *prophylactique* » qui ouvre sur une proposition d'action, malgré ou grâce au fait de se situer dans l'apocalypse advenue.

Si pour paraphraser Freud, le malaise de notre civilisation est bien dans l'anthropocène qui bouleverse sa temporalité, notre impasse psychique face à l'impasse climatique me semble avoir un lien privilégié avec un évènement nouveau qui ne concerne plus le temps mais l'espace, la dimension topique pour le psychisme : il se révèle fini.

CHAPITRE III

L'espace sans extérieur

Un monde (topiquement) fini, la perte de l'étranger

L'échec du communisme et le triomphe presque généralisé de l'économie de marché – y compris dans la Chine toujours communiste – avaient eu l'avantage de maintenir et développer des liens commerciaux entre les pays. Au prix d'une logique financière sans limite, le monde s'est unifié et on peut remarquer avec Jacques Attali* qu'en revanche, aucun espace juridique commun n'y fait loi. Cette Terre presque unifiée économiquement l'est encore plus écologiquement : vérité objective

* Jacques Attali, *Vivement après-demain*, Paris, Fayard, 2016.

pour notre planète ronde. La caractéristique d'une sphère est que sa surface est finie sans pour autant avoir de bord qui ferait frontière représentable. Non seulement nous n'avons plus d'ennemi extérieur, aucun extraterrestre consentant ne s'étant proposé*, mais nous n'avons plus d'extérieur du tout où expulser le mauvais, rejeter nos déchets et ceux-ci nous empoisonnent. Un nuage radioactif peut être entraîné par le vent, mais pour mieux nous revenir avec la rotation terrestre. En mangeant les poissons qui restent dans les océans, nous mangeons aussi nos plastiques qui les ont tous contaminés, avec de plus quelques métaux lourds. Nous sommes des protistes** dont plus personne ne change le bain nutritif.

---

* Le puissant roman de Liu Cixin, *Le Problème à trois corps*, Arles, Actes Sud, 2016, pour la traduction française, premier tome d'une Exofiction, y pallie en imaginant l'annonce 400 ans à l'avance d'une invasion de la Terre par des extraterrestres en quête d'une planète de survie, la leur étant la proie d'un système solaire rendu instable par les interactions imprévisibles de ses trois soleils. La Forêt sombre et La Mort immortelle parcourent les siècles qui suivent. Il a été adapté pour Netflix (2024).

** Freud s'interrogeait dans l'*Au-delà du principe de plaisir* sur l'immortalité apparente des protistes, animaux unicellulaires se reproduisant par scissiparité. Il notait des expériences de Weismann que cette victoire sur la mort des unicellulaires implique bien sûr que l'environnement débarrasse leur bain nutritif de leurs déchets, comme le démontrait l'expérience de Woodruff, plaçant chaque nouvelle génération dans un liquide

Notre planète se révèle un vaisseau spatial comme l'est la station spatiale internationale, l'ISS. Dans ce modèle paradigmatique où quelques hommes et femmes de nationalités différentes survivent dans l'espace, il va de soi d'économiser les ressources et j'imagine que l'on a fait en sorte de réutiliser l'eau urinée. Je ne suis pas sûr que, comme dans les récits de science-fiction, on y utilise déjà comme engrais les excréments humains pour faire pousser des légumes. En revanche, cette expérience grandeur nature de l'autarcie humaine est imparfaite : non seulement elle est ravitaillée (et même pendant la guerre en Ukraine), mais rien ne lui interdit de rejeter dans l'espace du CO_2 ou des déchets en excès. Si elle est plus exposée que la surface de la Terre au rayonnement cosmique, elle peut expulser des déchets au-dehors. En revanche, elle expérimente concrètement l'absolue nécessité de contrôler la consommation de ses ressources.

La Terre, elle, ne peut plus expulser ses déchets, et tente d'enfouir dans son sol ceux qui sont dérangeants, par exemple radioactifs, ou le CO_2 que nous réussirions à capter industriellement. C'est l'unification réussie de notre espace terrestre qui

nutritif frais (Sigmund Freud, *Œuvres complètes*, *vol. XV, 1916-1920*, Paris, Puf, 2002, p. 321).

nous prive d'extérieur. Lorsqu'un enfant naît avec une imperforation anale, il ne peut pas vivre sans une intervention chirurgicale qui restaure la possibilité d'éliminer les produits de sa digestion.

Même vers l'espace nous rencontrons notre limite : il ne nous offre pas un nouvel extérieur

Une impasse dans un espace à deux dimensions pourrait trouver une issue verticale lui en ouvrant une troisième. Une énigme classique demande comment faire plus que deux triangles avec six allumettes. Elle semble sans issue sauf si l'on quitte la contrainte des deux dimensions du plan pour s'autoriser la troisième dimension de l'espace et créer une pyramide à base triangulaire qui a bien six côtés et quatre triangles pour faces. De tout temps les hommes se sont tournés vers les cieux et Kennedy avait rêvé d'une nouvelle frontière avec la conquête de l'espace. Hélas, Mars est trop loin, à part pour la mégalomanie de deux milliardaires. Il n'y a pas de planète B accessible, comme le rappellent les pancartes des militants écologistes. Nous avons là aussi rencontré nos limites, et juste réussi à entourer la Terre d'une ceinture de satellites que nous laissons mourir sur des orbites poubelles. Nous avons vu que la troisième dimension spatiale, verticale, était inaccessible vers l'espace.

Mais l'humanité pourrait s'enterrer...

N'éliminons pas trop vite la possibilité inverse: creuser le sol ou le fond des mers pour trouver des espaces de stockage, voire, comme la science-fiction le figure parfois, pour nous enterrer pour survivre si la surface de la planète devient inhabitable – comme Chris Marker l'imaginait en 1962 dans *La Jetée*, après une guerre atomique que l'époque redoutait, ou comme l'imagine récemment la série *Silo*, dans un monde devenu toxique – nous y reviendrons.

Mais les hommes préhistoriques ont vécu dans des grottes pour se protéger du froid. Aurons-nous à faire de même pour nous protéger de la chaleur dans des zones rôties par le soleil ? Certains hommes vivent déjà aujourd'hui régulièrement plusieurs mois sous la surface des océans dans les sous-marins nucléaires qui assurent notre dissuasion. La guerre au Proche-Orient a fait découvrir l'efficacité protectrice du « métro de Gaza », avec ses centaines de kilomètres enterrés, ou la profondeur considérable des sites de production nucléaire en Iran, qui ne permet plus de les détruire totalement par des attaques aériennes, peut-être pas même par les bombes perforantes que seule l'armée américaine possède. Remarquons que c'est la guerre qui, dans ces exemples, nous fait recourir à la troisième dimension, la verticalité mais dans sa négative.

Nous l'utilisons cependant également pour essayer de nous débarrasser de nos déchets, radioactifs par exemple, en les enfouissant profondément. L'urgence d'un extérieur où évacuer nos déchets s'est saisie de la profondeur.

Cette nécessité vitale d'un extérieur où projeter ce qui nous menace intérieurement concerne aussi individuellement l'homme, tant corporellement que psychiquement.

La décharge à l'extérieur de l'excitation

Dans sa *métapsychologie* du psychisme humain, Freud considère que la pulsion s'étaye sur la physiologie :

> Un tel concept fondamental [...] est celui de *pulsion.* Essayons, partant de divers côtés, de l'emplir de contenu. D'abord, partant de la physiologie. Celle-ci nous a fourni le concept de stimulus et le

schème-réflexe, selon lequel un stimulus apporté de l'extérieur au tissu vivant (la substance nerveuse) est déchargé vers l'extérieur par l'action*.

À cette époque de sa pensée, l'absence de décharge et la stase de la libido provoquent d'abord de l'angoisse, puis peuvent entraîner la maladie, comme dans les névroses actuelles – par exemple liées à l'interdiction de la vie sexuelle. Ces positions seront réélaborées par la suite, mais la distinction entre excitation qui peut se décharger à l'extérieur par la musculature et celle qui n'a pas cette issue sera conservée comme séparant, par l'expérience vécue, stimulation et *danger venant du dehors* que l'on peut fuir et *danger interne*, l'augmentation de la tension entraînant le déplaisir auquel on ne peut échapper. Ceci nous intéresse donc car la perte du dehors nous replace dans la situation où l'angoisse ne peut être déchargée et la menace fuie. Remarquons que dans cette situation, l'être humain vit un état de débordement, base de tout traumatisme.

* Sigmund Freud, « Métapsychologie » [1915], in *Œuvres complètes, vol. XIII, 1914-1915,* Paris, Puf, 1988, p. 164. Cette position freudienne « biologisante » sera critiquée par Jean Laplanche.

L'humain se construit psychiquement par la projection

L'extérieur se constitue par elle, d'abord par l'expulsion du déplaisir, du haï. Vers neuf mois, l'angoisse de l'étranger est précieuse pour qu'émergent à la fois une identité de l'enfant et la perception d'un tiers, autre que la mère. Il est désolant, mais archaïquement logique, que cela résume le projet politique des partis nationalistes et xénophobes. Leur obsession pour l'identité nationale répond à leur phobie – ou plutôt leur paranoïa – concernant les étrangers.

La projection va pourtant en même temps faire émerger un objet pulsionnel et la possibilité de l'aimer : « J'aimais déjà les étrangères quand j'étais un petit enfant », écrit Aragon*. Notre vie affective porte quelques traces de la concomitance de la création de l'aimé et du haï, qu'illustrent les bascules toujours possibles entre l'amour et la haine.

La projection naît de l'*excorporation*, une décharge corporelle de la tension, grâce à un objet pulsionnel se constituant comme plan récepteur pour l'accueillir psychiquement, selon André

---

* Louis Aragon, « L'Étrangère », in *Le Roman inachevé*, Paris, Gallimard, 1956.

Green*. La projection ne peut donc créer l'extérieur sans l'intervention d'un *Nebenmensch*, proche secourable psychiquement. Lorsqu'un enfant a mal et crie, il faut qu'une mère vivante ou un humain qui reprend son rôle donnent sens à ce malaise et le soulagent pour que son cri devienne signe pour l'autre et appel pour l'enfant. La projection amènera donc aussi à la communication et la relation en se couplant avec l'identification. Elle porte en germe l'amour par l'investissement d'objet, la richesse névrotique défensive phobique, mais aussi, dans l'analyse, le transfert qui en permettra le travail ; et bien sûr dans la vie le projet.

Jacques Brel chante bien le mélange d'espoir, d'attente, de nostalgie et de peur projetés sur la possible venue de quelqu'un de l'extérieur, dans sa chanson *Regarde bien petit* (1968) :

> Regarde bien, petit, regarde bien sûr la plaine là-bas
> À hauteur des roseaux, entre ciel et moulin
> Y'a un homme qui vient, que je ne connais pas
> [...]
> Est-ce un lointain voisin, un voyageur perdu
> Un revenant de guerre, un montreur de dentelles ?

---

* André Green, « La projection : de l'identification projective au projet » [1971], in *La Folie privée*, Paris, Gallimard, 1990, p. 195-224.

Est-ce un abbé porteur
De ces fausses nouvelles qui aident à vieillir ?
Est-ce mon frère qui vient
Me dire qu'il est temps d'un peu moins nous haïr ?

Les différentes possibilités sont abandonnées l'une après l'autre et la chanson se termine par ses deux derniers vers, porteurs de toute l'ambivalence humaine, dont je souligne la fin :

Regarde bien, petit, regarde bien, sur la plaine là-bas
À hauteur des roseaux, entre ciel et moulin
Y'a un homme qui part, que nous ne saurons pas
Regarde bien, petit, regarde bien
Il faut sécher tes larmes, y'a un homme qui part
Que nous ne saurons pas, *tu peux ranger les armes*.

La phobie, névrose et organisation psychique

La phobie, la peur d'un objet du dehors ou de l'extérieur lui-même est une bonne indication de la psychanalyse classique lorsqu'elle devient névrose invalidante. La projection du danger pulsionnel à l'extérieur y est souple, avec une part de désir. Celle de la menace de castration aussi : *le petit Hans*, l'enfant suivi par Freud par l'intermédiaire de son père, a peur qu'un cheval le morde depuis qu'il en a vu un tomber dans la rue. L'angoisse de rétorsion de ses vœux œdipiens agressifs envers son père s'y figure ainsi. Père qui, pendant ce temps, s'occupe de lui en consultant le professeur Freud. Le bénéfice secondaire trouvé auprès d'un proche renforce la relation. Bien sûr avec le prix à payer dommageable de l'angoisse et de l'inhibition névrotique : le symptôme névrotique va réaliser un compromis entre la pulsion et la défense, organisant des bénéfice secondaires. L'agoraphobe ne trompera pas son mari en partant à l'aventure – répression de la pulsion – mais ne peut sortir – inhibition – sans être accompagnée, souvent par lui – bénéfice secondaire. La distinction dedans/dehors est établie, et les pulsionnalités sexuelles et agressives s'y développent, s'y figurent et s'entremêlent. Le transfert sur l'analyste permettra d'en démêler les fils, et que le conflit pulsionnel soit mieux subjectivé par le patient pour qu'il en devienne l'arbitre et non plus la victime.

Mais il arrive que la phobie entrave gravement la vie ou parfois même qu'elle devienne autoréalisatrice. Je me souviens d'un homme âgé que j'avais rencontré alors que je remplaçais un médecin de campagne à la fin de mes études de médecine. Il était en fauteuil roulant, ayant été amputé des deux jambes au niveau des genoux. Il m'avait raconté pourquoi. Adolescent, il était garçon de ferme et dormait dans une grange. Il avait été réveillé une nuit par un rat qui lui mordait un pied. Terrorisé, il n'avait plus enlevé ses bottes ni la nuit ni le jour pendant de nombreuses semaines. Jusqu'à ce que la gangrène attaque ses jambes et amène à leur amputation. La peur de l'attaque de son intégrité corporelle avait entraîné la perte de ses deux jambes. Ce qui m'avait frappé à l'époque était aussi la suite. Le moment était venu de payer la consultation, et mon patient avait alors levé une fesse et attrapé pour me payer son portefeuille sur lequel il était assis. La peur qu'on lui prenne ce qu'il avait était toujours là !

Où est l'ennemi du climat ? En nous !

Nous avons besoin d'ennemis pour projeter notre haine et nous battre. Mais l'ennemi producteur de CO_2, c'est nous. Nos pulsions les plus saines individuellement, y compris d'autoconservation – respirer, manger, consommer, se chauffer, nous développer – ou pour conquérir de l'espace, de la puissance, et même nous reproduire, nous font produire ce gaz carbonique dont l'excès est la cause du réchauffement climatique. *Malaise dans l'anthropocène !*

Soulignons cette complexité paradoxale pour l'autoconservation : ce qui devrait chacun nous protéger nous tuera collectivement. Individuellement, ce n'est pas tout à fait une nouveauté : nos médecins nous le disent parfois pour notre nourriture. L'âge béni où manger et le temps qui passe nous rendaient plus grands et plus forts s'arrête un jour par surprise avec un effet un peu différent : manger et le temps nous rendent plus gros et plus vieux. En tout cas, certains d'entre nous. Mais là, c'est nous tous qui sommes mis en danger par presque tous nos registres pulsionnels de vie. Notons que c'est notre *croissance* qui s'arrête alors à l'âge adulte. Est-ce ce que nos sociétés n'arrivent pas à faire, remettre en cause leur croissance ? Qui le leur imposera ?

Paranoïa ou mélancolie ?

Une donnée individuelle me semble confirmer ce défi psychique qui nous est posé. Ceux qui ne dénient pas le danger, mais renoncent à y échapper par une détestation paranoïaque d'autrui, basculent dans la mélancolie, où le sujet s'accable d'autoaccusations : tout est de sa faute*. Les collapsologues sont certains qu'il n'y a pas d'issue. L'attaque se retourne contre soi-même lorsqu'elle

* Le génie de Freud fut de comprendre qu'en fait le patient en accès mélancolique psychotique s'acharne sur l'objet qu'il a incorporé en lui-même pour en refuser la perte. Dans le syndrome de Cotard, le patient dans son délire a avalé le monde.

n'est plus projetée. Notre haine est une grenade dégoupillée : lorsqu'on en libère la cuiller, il n'y a que quelques secondes pour la lancer – la *projeter* au loin sur l'ennemi. C'est bien notre musculature qui alors la projette sur l'adversaire.* Sinon, celui qui n'explose pas les autres en lançant sa grenade sur eux va exploser lui-même avec elle. Psychiquement, il serait plus juste de dire qu'il implose : toute l'agressivité est retournée au-dedans. Face à la menace climatique, c'est comme s'il n'y avait plus d'espace psychique entre projection paranoïaque et incorporation mélancolique.

Est-ce l'impasse projective qui prive les humains de la capacité dépressive tolérable d'assumer leur responsabilité dans la dégradation de leur environnement et d'engager un mouvement réparateur ? L'introjection est une capacité de s'identifier à l'autre et d'accepter d'en prendre une part en soi, à l'opposé de l'incorporation mélancolique, cannibalique, globale et inconsciente. Une introjection et une position dépressive tempérée permettraient

---

* Illustration assez concrète de la proposition de Freud en 1924 dans *Le Problème économique du masochisme*. Il considère que la pulsion de mort, interne, est dérivée au dehors par la musculature, s'intriquant alors de manière variable avec la pulsion de vie, la libido, pour donner l'éventail des mouvements vers l'objet, depuis l'amour fort jusqu'au sadisme, l'emprise, l'agressivité et même la destruction meurtrière.

l'action : Francis Pasche le disait de l'homme en d'autres termes : « Il est coupable, il est capable ! »

Haine de l'étranger et déni du changement climatique : jusqu'au fascisme ?

Nous verrons combien la politique, tant nationale qu'internationale, montre la coexistence entre le déni du changement climatique et la xénophobie qui accompagne le populisme. La question se pose de savoir si cette défense projective séculaire des humains d'haïr l'étranger rencontre très logiquement la menace nouvelle du réchauffement climatique et son impasse projective ou s'il y a une causalité nouvelle à l'œuvre. Certains vont plus loin et relient directement le climatoscepticisme et les signes d'une renaissance du vieux fascisme européen dans le monde. Ainsi Stéphane Foucart, dans une chronique sur « les habits neuf du fascisme* » part de l'assaut du Capitole par les sympathisants de Trump et de son appel à un « Reich unifié » permettant la déportation de masse des « vermines » qui « empoisonnent le sang des États-Unis ». Il voit, avec l'aide d'Umberto Eco et la réédition de

---

* *Le Monde* du 17-18 octobre 2024, p. 30.

son livre *Reconnaître le fascisme*, un quatorzième indice de fascisme à ajouter au nationalisme, à la xénophobie, à l'irrationalisme, à la destruction de la complexité de la langue, à l'instrumentalisation de la frustration des classes moyennes, etc. : « la guerre à outrance à l'environnement et aux défenseurs de l'environnement ». Chez Jair Bolsonaro comme chez Javier Milei, qui partagent l'idéologie libertarienne de destruction de l'État, est également attaquée la science. Prenant l'exemple de Trump promettant dans la même phrase de forer pour pomper le plus d'hydrocarbures possible et d'offrir « l'air et l'eau les plus propres sur la planète », il note comment l'idéologie fasciste admet qu'il appartiendra au guide de surplomber les contradictions logiques de ses promesses et impose à ses disciples de traverser catastrophes et adversité dans un combat pour une cause supérieure. Eco écrit que dans une perspective fasciste : « il n'y a pas de lutte pour la vie, mais une vie pour la lutte ». Notons que nous retrouvons une caractéristique de la croyance qui accompagne le déni de réalité : le doute, s'il est là pour la tester, la confirme. L'auteur rejoint donc ce spécialiste de Vichy, Robert Paxton, qui qualifie Donald Trump de fasciste après l'assaut du Capitole en 2021 et s'inquiète pour la trajectoire que prennent à leur tour « bon nombre d'États européens ».

CHAPITRE IV

Malaise dans l'anthropocène

Le malaise dans la culture

Nous allons quitter l'économie psychique individuelle pour considérer avec Freud l'organisation psychique collective, car c'est bien elle qui est en cause dans le déni de la menace climatique.

*Malaise dans la culture** sonne après coup par son titre comme une prédiction de la barbarie qui était à venir. Pourtant, le « malaise » qu'étudie Freud est justement à l'inverse celui que provoque le renoncement pulsionnel exigé par le processus civilisateur. Instaurer une justice implique

* Sigmund Freud, « Le Malaise dans la culture » [1929], in *Œuvres complètes, vol. XVIII, 1926-1930*, Paris, Puf, 1994, p. 243-333.

effectivement de renoncer aux satisfactions du lynchage. Le texte montre la fragilité de l'acceptation du processus civilisateur par les humains, et se termine par l'interrogation :

> La question décisive pour le destin de l'espèce humaine me semble être de savoir si et dans quelle mesure son développement culturel réussira à se rendre maître de la perturbation apportée à la vie en commun par l'humaine pulsion d'agression et d'autoanéantissement*.

Freud convoque ici la pulsion de mort. La phrase qui suit sur les capacités techniques qui rendent facile maintenant aux humains de « s'exterminer les uns les autres jusqu'au dernier » anticipe non seulement la Seconde Guerre mondiale mais aussi l'équilibre par la terreur nucléaire qui l'a suivie. Au préalable, à propos des meurtres qu'exige le *narcissisme des petites différences*, il se demande « seulement avec inquiétude ce que les Soviets entreprendront une fois qu'ils auront exterminé leurs bourgeois » – la suite lui a donné raison, entre purges staliniennes et peuple volontairement affamé, comme en Ukraine lors de l'Holodomor. En revanche, Freud constate en 1929 que « ce ne fut

* *Ibid.*, p. 333.

pas non plus un hasard incompréhensible si le rêve d'une domination germanique sur le monde appela comme son complément l'antisémitisme* », en employant le passé sans en anticiper avec la même clairvoyance l'effroyable résurgence meurtrière à venir. Déni ?

La question se pose aujourd'hui de l'acceptation des frustrations pulsionnelles indispensables à la survie non seulement de la civilisation mais de l'humanité. C'est bien une élévation de notre lucidité et un progrès de la civilisation vers plus de responsabilité et de justice dans le partage des ressources qui est indispensable. Nous sommes donc prévenus : la difficulté intrinsèque à la maîtrise des instincts par la raison s'ajoute aux obstacles à surmonter. Qu'en est-il alors pour chacun de nous ?

Angoisse de mort ou angoisse de privation, vécue comme castration ?

Une nouvelle question apparaît au sujet de ce qui alimente le plus le déni. Est-ce la menace mortelle ? Il est question d'extinction de l'espèce. Ou celle de la privation de satisfaction – donc une

---

* *Ibid.*, p. 300-301.

castration de la satisfaction de nos instincts, de nos pulsions, de nos désirs ?

La castration : une angoisse qui n'a rien de théorique

Les psychanalystes parlent de castration avec facilité et cela peut induire en erreur, et contribuer à en refouler l'horreur en en faisant un concept purement théorique ou, au contraire, une réalité *quand même* exceptionnelle de nos jours*. En fait, l'expression condense à la fois une symbolisation fantasmatique de toute perte chez les humains ayant accédé à une relation objectale, exposés de ce fait à l'horreur de cette perte possible, et garde en même temps une pertinence quant à l'efficacité d'une menace quand elle convoque un lien avec les organes génitaux. Le lapsus d'un jeune patient étudiant le montre. Parlant d'un de ses professeurs, il s'exclame : « Pour moi, cet homme, c'est l'autorité avec un grand H ! » Une grande hache s'est glissée par ses mots dans les mains de ce maître qu'il aimerait remplacer. Du côté de la menace qui s'exerce sur nos possessions matérielles et

* Sauf quand les parents d'une petite fille malienne vous informent qu'elle va aller au pays l'été prochain.

affectives, chacun de nous a sa sensibilité pour que l'angoisse soit un éprouvé bien réel : l'annonce d'un contrôle fiscal ou d'une mise au chômage parlera plus à certains. Remarquons que le déni y est aussi convoqué, comme le montrent ces hommes qui vont faire croire à leur famille et à une partie d'eux-mêmes qu'ils ont toujours un travail en partant chaque matin de leur domicile. Une convocation chez un juge d'instruction, la saisie d'un bien ou la réception d'une demande de divorce sont des menaces graves très concrètes. Toutes les menaces qui pèsent sur notre santé sont non seulement de possibles menaces de mort mais aussi, et parfois plus, de diminutions. Dans ce domaine, la menace sur un organe symbolisant un organe sexuel n'est pas sans effet : ainsi pour les yeux. Souvenez-vous d'*Un chien andalou* de Luis Buñuel (1929) et du rasoir qui s'approche de l'œil ! Il en va de même pour les organes directement sexués. L'homme qui se voyait autrefois annoncer que l'opération prévue pour soigner sa prostate pouvait, selon la voie d'abord choisie, avoir comme conséquences ou impuissance ou incontinence plus fréquemment, hésitait. Heureusement, la médecine a fait quelques progrès dans ce domaine. Une femme jeune – ou pas – à qui on annonce une mammectomie pour un cancer du sein, parfois préventivement du fait des tests génétiques – les progrès entraînent d'autres menaces – en est très violemment impactée.

Tous les dangers qui pourraient affecter notre santé, toutes les alertes au sujet de notre corps peuvent menacer notre vie tout court et mériteraient logiquement d'être d'autant plus soigneusement et rapidement explorés. Leur traitement psychique comme menace de castration se démasque avec la difficulté de mettre en œuvre cette médecine intelligente qu'est le dépistage précoce en matière de cancer : beaucoup d'entre nous préfèreront s'en défendre par la phobie du médecin.

L'angoisse de mort

La mort, apparemment évidente, se révèle pourtant difficilement psychisable. Nous avons constaté que la connaissance de la menace mortelle du tabac n'a pas entraîné l'arrêt immédiat de sa consommation, même avec des photographies de tumeurs en gros plan sur le paquet. La mort, comme l'assurait Freud, n'est-elle donc décidément pas véritablement représentable inconsciemment ? Il pensait qu'en dehors de l'effroi d'une mort imminente, l'angoisse de mort était une projection de l'angoisse de castration. Un signe confirme cet

« optimisme » inconscient du psychisme normalement névrosé : nos angoisses concernant la mort, par exemple l'horreur d'être dévoré par les vers, l'aversion pour le feu de la crémation, ou pire et plus démonstratif, l'effroi d'être enterré *vivant*, nient du même coup que nous serons morts. Et l'angoisse aussi, témoignage fondamental de la vie. Nous pouvons supposer que cet acquis de la structuration psychique névrotique – que la réalité advienne à partir d'un partage de l'illusion, comme le propose Winnicott – ne le soit pas par tous les humains. Les personnes autistes, exposées à des vécus agoniques, ne bénéficient probablement pas de cet adoucissement face à la mort. Je me souviens avoir vu un enregistrement vidéo d'une enfant autiste qui communiquait avec des lettres de Scrabble, faisant partie de ces enfants qui ont acquis un langage écrit sans pouvoir parler. À la question « De quoi as-tu peur ? », elle avait répondu en disposant les lettres suivantes : d e l a m o r t . Les personnes qui sont psychotiques connaissent quant à elles des angoisses térébrantes de morcellement du moi. En dehors de ces éprouvés agoniques ou de morcellement, il est donc peu probable que l'humanité plus habituellement névrosée puisse psychiquement réaliser vraiment la possibilité de sa disparition, fût-ce dans l'abîme de l'anthropocène.

Benno Rosenberg, en essayant de pousser plus avant la seconde théorie des pulsions freudienne, pensait de ce fait que l'angoisse de la mort réelle ne peut s'étayer psychiquement que sur une menace interne.

Cette relative irreprésentabilité psychique de la mort nous amène donc à privilégier l'hypothèse que la menace climatique convoque une angoisse de castration majeure, par différentes voies.

La perte de notre puissance effective est vécue comme une castration

Liées à notre puissance sexuelle ou la convoquant, les diminutions ou les pertes de notre puissance que nous subissons sont donc vécues comme des castrations. Force physique ou beauté menacée par l'âge, puissance sexuelle, capacité d'avoir des enfants : toutes nos diminutions sont angoissantes ou douloureuses. Notons que Freud, plus féministe qu'on ne le croit, considérait que la ménopause de la femme s'accompagne d'une augmentation de ses pulsions sexuelles du fait de la diminution de l'investissement de la maternité.

Ne me prenez pas mon cheval-vapeur !

Suivons l'ingénieur Jean-Marc Jancovici* : diminuer la formidable puissance de nos machines utilisant comme carburant des dérivés du pétrole nous ramène 120 ans en arrière, à l'époque des calèches. Nos voitures sont d'ailleurs toujours immatriculées en chevaux-vapeur fiscaux. Un cheval-vapeur physique équivaut en France à 735,5 watts. Une voiture honnêtement dotée en puissance, agréablement mais sans démesure, atteignait une centaine de chevaux (SAE**). Avez-vous récemment essayé de pousser sur quelques mètres votre automobile ? Elle dépasse maintenant fréquemment la tonne, et ce n'est pas aisé.

En dehors de ceux qui peuvent sans problème s'acheter une Tesla, passer d'une automobile au vélo, malgré les indéniables effets bénéfiques sur la condition physique, est une diminution massive de puissance au sens le plus concret qui soit, vécue psychiquement, si elle est imposée, comme une castration réelle, surtout les jours de pluie…

---

* Cf note ***, p. 11.

** Mesure américaine de la puissance du moteur seul. Les chevaux DIN mesurent la puissance d'un moteur équipant un véhicule prêt à rouler.

À l'opposé d'une très réelle diminution de notre puissance dénonçons l'absurdité assez californienne de monter dans un pick-up avec un moteur de quatre litres de cylindrée pour aller faire son sport dix kilomètres plus loin et courir sur un tapis roulant. Elle est pourtant partagée mondialement par le plus grand nombre de ceux qui en ont les moyens.

Remarquons à l'inverse la pertinence de l'assistance électrique au vélo si l'on prend en considération le gain de liberté obtenu et la modestie du poids du moteur et de la batterie à produire. À la condition néanmoins de ne pas transporter trop d'enfants ou de charges, malgré l'attrait de jeunes parents pour les vélos cargos. C'est un des rares exemples de sobriété réussie et acceptée, question sur laquelle nous reviendrons.

Et son symbole phallique

La dimension inconsciente du symbole phallique joue un rôle qu'il ne faut pas méconnaître. La voiture elle-même et son moteur sont supports d'une incontestable symbolisation phallique. L'indéniable beauté d'une Jaguar type E tient probablement au fait que son moteur semble occuper à l'avant plus de la moitié du véhicule. En réalité, les voitures de course ont vite compris l'intérêt d'un moteur central arrière, bien moins phallique, mais avec une répartition du poids bien mieux équilibrée. En Europe, les six cylindres en ligne ont eu plus de succès que les gros V8 américains. Je dois confesser que, visitant un sous-marin d'attaque, la découverte des deux vingt-quatre cylindres en ligne de la salle des machines donnait une forte impression de puissance. Ma première voiture, une deux-chevaux, avait un moteur avec deux cylindres. Par la suite j'ai eu des quatre, puis six cylindres. Une certaine prise de conscience m'a fait choisir une diminution à cinq, puis quatre, puis trois aujourd'hui... Peut mieux faire !

Ni mon indépendance

Pour ma génération d'après-guerre, la voiture individuelle a à la fois permis et symbolisé la conquête d'une extraordinaire liberté. Ce n'est pas là qu'une position masculine. Je me souviens de femmes en analyse ayant enfin conquis indépendance financière et conduite de leur vie et montrant une véritable affection pour la voiture qu'elles s'étaient achetée elles-mêmes et pour elles. Différence des sexes néanmoins : leur voiture secrètement chérie n'avait pas besoin d'être grosse.

Les menaces sur nos plaisirs autoérotiques

À l'opposé de la mort réelle, les frustrations pulsionnelles – dont celles de l'autoconservation qui est bien rattachée par Freud à la pulsion de vie après 1920, alors qu'il les pensait en conflit auparavant – sont parfaitement appréhendées psychiquement aux deux sens du terme. Sont-elles alors traitées comme des castrations, avec toute l'horreur qui s'y attache et la fureur qui résulte de la privation de la masturbation ? Ce n'est pas qu'une idée de psychanalyste. Charles Trenet le savait bien, dans sa *Folle complainte* (1951) :

> Les jours de repassage,
> Dans la maison qui dort,
> La bonne n'est pas sage
> Mais on la garde encore.
> On l'a trouvée hier soir,
> Derrière la porte de bois,
> Avec une passoire, se donnant de la joie.
> La barbe de grand-père
> A tout remis en ordre
> Mais la bonne en colère a bien failli le mordre.

À la condition d'étendre nos zones érogènes au bouton de contact et au volant de nos automobiles, à nos smartphones et aux objets de luxe que nos mains caressent pour nous donner du plaisir, nous lui ressemblons beaucoup. Plaisir et solitude : le spectacle de tous les conducteurs seuls dans leur coquille confortable à l'arrêt dans l'embouteillage*, ou celui de la rame de métro dont presque tous les voyageurs sont plongés dans leurs smartphones montrent qu'en tout cas leur plaisir est bien solitaire.

Remarquons que dans la genèse du déni fétichiste, Freud soulignait que ce n'était pas la perception de la différence du sexe féminin qui effrayait l'enfant, mais la menace de castration concrète prononcée volontiers à son époque en guise de punition de la masturbation prohibée. En *après-coup*, l'absence de pénis chez la fille rendait la menace crédible pour le petit garçon**.

Si, dans un premier temps, cela peut nous donner espoir que des après-coups lèvent dans l'avenir le déni actuel des signes concrets et discontinus du

---

* Ce n'est pas qu'une métaphore : l'automobiliste dans son repli autoérotique peut se livrer à une intense recherche de ses « crottes » de nez qui en révèle le registre anal.

** Si l'on peut espérer que la répression de l'onanisme de l'enfant a diminué en un siècle et que la psychanalyse y a joué un rôle positif, les menaces maternelles n'ont pas totalement disparu. Je me souviens avoir entendu il y a quelques décennies sur une plage une mère furieuse dire à son petit garçon : « On va te couper la tête et la queue et cela fera un petit banc ! »

changement climatique, il nous faut remarquer dans cet exemple que l'efficacité vient de la menace immédiate d'une amputation dramatique. Malgré un sens certain du symbolisme, la guillotine en France, comme les autres mises à mort légales, n'obtenait pas l'arrêt des homicides lorsqu'elle était en vigueur. Un châtiment futur, même suprême, n'est pas suffisant pour réfréner une pulsion immédiate.

Ceci n'est pas spécifique aux meurtriers et nous retrouvons l'impuissance des autorités en charge de la santé et de la sécurité publiques à nous faire protéger notre santé et nos vies à long terme en nous privant de nos plaisirs. Diminuer en France la vitesse sur les routes de 10 km/h a été particulièrement impopulaire.

Nous courons donc avec le lent réchauffement climatique le même risque que ces grenouilles que l'on mettrait à cuire à feu doux dans une marmite dont il leur serait facile de s'échapper, mais qui seront déjà cuites lorsqu'elles s'en rendront compte. L'accélération du réchauffement des océans plus rapidement que celui de l'atmosphère fait qu'il n'est pas certain que cela soit une métaphore.

Comment mettre l'angoisse de castration au service de la préservation de notre environnement et de nos vies ? Suffisamment pour être efficace, et pas trop pour ne pas alimenter le déni ? C'est toute la question.

Le danger de la perte d'un *environnement faste*

Nous avons confronté nos angoisses névrotiques de castration activées par une réalité extérieure menaçante. C'est peut-être optimiste de doter notre civilisation de mécanismes névrotiques bien civilisés. D'autres registres de fonctionnement psychique existent marqués par une pauvreté des capacités de mentalisation. En serait-il de même pour la psyché collective ?

Les psychanalystes à l'origine de l'École de Paris de psychosomatique* ont développé une conception originale de l'articulation entre psyché et soma. Loin d'avoir un sens symbolique comme le symptôme hystérique, le symptôme et la maladie psychosomatique sont alors plutôt pensés comme témoignant de la désorganisation de l'équilibre psyché/soma. Ils proviennent d'une insuffisance du fonctionnement mental à prendre en charge la conflictualité. C'est alors le corps qui va en payer le prix de destructivité non symbolisée, non représentée. En décrivant des organisations psychiques plus particulièrement exposées à ces

* Pierre Marty, Michel Fain, Michel de M'Uzan et Christian David.

décompensations, ils ont souligné une moindre épaisseur du préconscient, des *névroses de comportement* en lieu et place de conflictualité psychique et de pensée, avec une *vie opératoire* qui surinvestit le factuel. Un déni – notons-le – de la réalité *intérieure* est à l'œuvre. Ceci expose parfois à la possibilité d'une *dépression essentielle*, sans angoisse après un moment, sans l'élaboration liée à la culpabilité et de ce fait avec un risque mortifère. Le point important ici est qu'ils avaient cependant constaté que certaines personnes présentant un fonctionnement mental de ce type ne tombaient pas malades pour autant tant que la vie leur assurait *un environnement faste* les protégeant des frustrations et des deuils.

Sommes-nous des sociétés opératoires qui risquent de tomber malades ?

La perte d'une nature pouvant infiniment satisfaire nos appétits et digérer nos déchets est d'actualité et c'est nouveau. La limite est atteinte. Notre bon sens est en échec : comment le ressentir au milieu de l'infini d'un océan ou dans l'immensité de certains paysages ? Comment voir dans une vache une menace climatique ? Je me souvenais avoir vu enfant dans une ferme les gros trocarts qui permettent de percer l'abdomen en cas de *météorisation*, lorsque la fermentation dilate les intestins et que l'animal risque l'explosion. Mais jamais je n'aurais imaginé qu'une vache rotait du méthane, qui est quatre-vingts fois plus facteur de réchauffement sur vingt ans que le CO_2. Et pourtant : la pollution touche toutes les mers, le réchauffement modifie déjà l'ensemble de la planète et la filière bovine est particulièrement productrice de CO_2. Le Danemark vient en conséquence de prévoir de taxer ses bovins de 300 couronnes (environ 40 euros) par an en 2030* !

Sommes-nous de vieux nourrissons qui ne comprennent pas que le sein est vide et que plus personne ne changera notre couche ? Notre esprit devient-il vide en miroir pour ne pas réaliser la perte d'une abondance nourricière sans fin ? C'est pour les humains une réalité : notre environnement n'est plus du tout faste. Examiner sérieusement cette hypothèse pose une première question.

* « Climat, le Danemark taxe les pets des vaches pour réduire ses émissions de gaz à effet de serre », *Libération*, 11 juillet 224, https://www.liberation.fr/environnement/agriculture/climat-le-danemark-taxe-les-pets-de-vaches-pour-reduire-ses-emissions-de-gaz-a-effet-de-serre-20240711_QNMEMJ7HRRB6VH5BC5JQP25Z6A/.

Quelle serait alors notre insuffisance de capacités psychiques collectives ?

Le déni, pathologie grave et non névrotique qui fracture le moi, peut correspondre à cette idée de « tomber malade ». Le fait que cela se produise quand l'environnement cesse de procurer sécurité et satisfaction est juste d'actualité. Il nous faut nous demander si effectivement nos sociétés de consommation – assez opératoires, c'est-à-dire réagissant par des comportements routiniers – ont perdu une capacité collective de penser les problématiques, les menaces, les choix qui imposent des pertes, ou l'incertitude. D'autre part, nous sommes en déficit de conflits élaborables et organisateurs. Ainsi d'une dialectique politique droite/gauche vivante pour la démocratie, ou d'une prise en charge des intérêts en conflit par les partenaires sociaux. Cela me semble assez vrai, de plus, de la généralisation de l'économie de marché qui privilégie la valeur des choses, et traite souvent comme elles les humains. Nous verrons que Bruno Latour nous propose justement de mettre en œuvre les conflits écologiques. Mais d'autres évolutions interrogent.

Priorité opératoire au comportement aux dépens de la subjectivité, au juridique aux dépens de l'humain

Il est indiscutable qu'une évolution de nos sociétés se constate en même temps que la psychanalyse tombe en disgrâce. Peut-être pour avoir été trop à la mode après-guerre. Je pensais que le balancier reviendrait vers certaines valeurs humaines précieuses à nos yeux, comme celles de la parole et du respect de la singularité de l'individu. Je me trompais. Nos échanges deviennent de plus en plus régis par de l'écrit, de préférence soumis à une logique juridique et dans le formalisme de procédures envahissantes. Qui lit les nombreuses pages écrites en tout petits caractères que l'on nous soumet souvent au moment de signer un contrat ou un engagement banal ? Il y a là une prétendue transparence qui dit tout, mais impossible à lire. Pire : l'information que l'on nous donne au moment de nous soigner – à la condition de signer – est moins pour protéger le malade et la liberté de son choix que pour protéger l'institution soignante d'éventuels procès. Dans beaucoup de domaines de nos vies, tant les sociétés commerciales – ce qui a une logique – que les administrations – ce qui l'est moins – semblent surtout donner la priorité à se protéger elles-mêmes des citoyens.

L'exemple de la psychiatrie et de la pédopsychiatrie

La médecine et en particulier la psychiatrie sont un terrain privilégié d'observation d'une dévaluation de l'échange humain – d'autant plus dommageable là où il est essentiel – au profit de l'observation et la mesure du comportement, de la généralisation des procédures et d'un management inspiré de celui de l'industrie.

J'ai eu l'expérience d'être responsable d'un hôpital de jour pour enfants* à Paris pendant plusieurs décennies. C'est un précieux dispositif qui permet de soigner intensément de jeunes enfants présentant différents troubles psychiques, allant d'inhibitions sévères à des agitations, des troubles psychotiques ou des autismes, sans les séparer comme autrefois de leurs familles, avec une fréquentation scolaire partielle à l'école ou en interne, et une action pluridisciplinaire, tant psychothérapeutique qu'éducative, et de rééducation.

---

* Géré par L'Entraide Union. Il porte aujourd'hui le nom de sa fondatrice, Francine Klein.

La direction de cette structure associative, privée non lucrative, associait responsabilité administrative et responsabilité médicale. Ce cumul des deux par un psychiatre était dans la psychiatrie associative une leçon de la remise en cause de la psychiatrie asilaire après l'effroyable constat de la mort de presque 40 000 malades mentaux en France pendant la Seconde Guerre mondiale. Ils n'avaient pas été volontairement exterminés. Moins doués pour la survie, ils étaient morts de faim. L'administration asilaire et les soignants n'avaient pas su – pas pu, pas voulu ? – les protéger. Ce choc fut pour les psychiatres français le point de départ de la psychothérapie institutionnelle. Les associations privées qui ont inventé alors une psychiatrie anti-asilaire de *secteur* dans la ville avaient choisi ce principe d'une direction médicale* pour que la gestion soit subordonnée à la thérapeutique**. Une pédopsychiatrie fondée sur la structuration psychique avait en France été créée par des psychanalystes***,

* Et c'est toujours le cas de l'ASM 13, Association en charge de la santé mentale dans le 13e arrondissement de Paris.

** Dans le malaise grandissant qui envahit notre système de santé, on peut interroger l'effet de la décision politique, il y a quelques années, de donner une autorité de chef d'entreprise aux directeurs d'hôpitaux auxquels les médecins chefs de service sont maintenant soumis.

*** Parmi lesquels Serge Lebovici, René Diatkine, Michel Soulé et Roger Misès.

tout en prenant en compte et l'organicité et l'environnement. Elle n'est pratiquement plus enseignée.

Depuis, sous l'effet de la psychiatrie américaine – largement influencée par l'industrie pharmaceutique –, qui a structuré par son DSM*, la classification internationale des maladies mentales, deux évolutions lourdes ont remis en cause la considération du patient en tant que sujet.

La première est une exigence d'objectivation qui cherche par essence à éliminer la composante subjective. Généralisation d'une nécessité d'évaluation objective des effets des médicaments, l'expérimentation *en double aveugle* élimine les facteurs psychiques et du patient et du médecin. Pour ce faire, la nosologie se fonde maintenant sur le comportement qui a l'avantage d'être observable et quantifiable. Parallèlement, en réaction aux thérapeutiques psychodynamiques inspirées par la psychanalyse, se sont développées des thérapeutiques se disant comportementales et cognitives qui semblent avoir la faveur des responsables. On oublie souvent que les deux, psychanalyse et comportementalisme, sont issus de la phénoménologie. Une compétition et des articulations ne peuvent qu'être souhaitables, mais la pseudo-scientificité

---

* *Diagnostic and Statistical Manual of Mental Disorders* de l'American Psychiatric Association.

des secondes semble faire oublier que leurs promesses ne sont pas souvent tenues*. Remarquons l'hétérochronie des deux thérapeutiques. La psychanalyse, longue dans sa mise en œuvre, a des objectifs à long terme : par exemple qu'un enfant très perturbé accède à une dignité et une capacité d'aimer et de se défendre qui lui permette de vivre avec d'autres quand ses parents ne seront plus là. Qu'il n'y arrive pas, telle est la hantise des parents que j'ai rencontrés. Le comportementalisme utilise du conditionnement pour des effets immédiats dont les effets à long terme ne sont pas étudiés. Ses effets à court terme sont observables et quantifiables. On comprend son succès dans le temps du présentisme.

François Gonon, a identifié une « bulle spéculative » dans la présentation de la psychiatrie biologique par les travaux scientifiques et les médias**. Sa critique utilise une démarche scientifique

---

* Ainsi pour l'ABA (Applied behavior analysis) dans le traitement de l'autisme qui promettait initialement un chiffre de 47 % des enfants qui ont « atteint un développement intellectuel normal et un fonctionnement éducatif normal, avec un QI normal et une fréquentation normale des écoles primaires publiques » in O. Ivar Lovaas, « Behavioral treatment and normal educational and intellectual functioning in young autistic children », *Journal of Consulting and Clinical Psychology,* vol. 55, n° 1, 1987, p. 3-9.

** François Gonon, « La psychiatrie biologique : une bulle spéculative ? », *Esprit*, novembre 2011, p. 54-73.

rigoureuse, qu'il applique également à propos du TDAH*, écrivant par exemple : « l'hypothèse d'un déficit de dopamine à l'origine du TDAH ne repose actuellement sur aucun argument scientifique solide (Gonon, 2009)**. C'est pourtant cette hypothèse qui est souvent mise en avant par les médias anglo-saxons (Gonon, 2011) et français (Bourdaa, 2013)*** pour justifier la prescription d'un psychostimulant supposé corriger le déficit de dopamine sous-jacent ».

Il dénonce en 2024 une idéologie néolibérale dans l'usage qui est fait des neurosciences**** par les médias, les pouvoirs publics et la Haute Autorité de santé française (HAS).

---

* Trouble de l'attention avec hyperactivité. François Gonon, « La psychiatrie biologique : une bulle spéculative ? Le cas de l'hyperactivité TDAH », *Journal français de psychiatrie*, vol. 2, n° 44, 2016, p. 114.

** François Gonon, « The dopaminergic hypothesis of attention-deficit/hyperactivity disorder needs re-examining », *Trends in Neuroscience*, n° 32, 2009, p. 2-8.

*** Mélanie Bourdaa *et alii*, « Does television reflect the evolution of scientific knowledge ? The case of attention deficit hyperactivity disorder coverage on French TV », *Public Understanding of Science in Press*, vol. 24, n° 2, février 2015.

**** François Gonon, *Neurosciences, un discours néolibéral. Psychiatrie, éducation, inégalités*, Nîmes, Champ social, 2024.

On peut identifier d'autres causes comme le déni de la souffrance

Un exemple simple illustre cette évolution vers le déni de la souffrance. L'évaluation de la dépression d'un patient adulte peut se faire dans un entretien individuel long et non directif qui prend en compte l'ensemble de son fonctionnement psychique. L'enjeu est sérieux : un possible risque suicidaire. Un psychiatre psychanalyste prendra en compte l'angoisse et le désespoir qu'il peut sentir en lui dans cette rencontre, à la condition de ne pas s'en défendre. D'où la nécessité qu'il ait fait une analyse personnelle pour ne pas attribuer ses problèmes au patient ou se protéger à l'excès. Un indéniable progrès pour le confort du praticien peut être de faire passer au patient une échelle de cotation de la dépression. Encore mieux, il peut demander à un infirmier de faire cette évaluation. Et celui-ci peut aussi être déchargé d'être au contact de l'angoisse du patient… en lui demandant de la remplir seul ! On aura en plus réussi à éliminer la subjectivité de l'examinateur, ce qui sera idéal dans une recherche, mais tout le contraire pour l'humanité d'une relation soignante. Les psychiatres d'aujourd'hui passent des heures devant leur ordinateur à suivre des procédures, temps dont ils sont privés pour la véritable rencontre clinique avec le patient. On oublie souvent le fait que lors des études médicamenteuses en double aveugle, le placebo – sans principe actif – améliore 50 % des dépressions graves, et qu'alors seul reste actif l'investissement réciproque dans la relation médecin malade.

Des procédures exponentielles, alors que la parole donnée peut être une gouvernance

Dans le soi, nous vivons aussi la procédurisation extensive de nos vies. Le poids de l'administratif a augmenté progressivement et nous avons connu la mise en œuvre par les pouvoirs publics de la démarche qualité inspirée de l'exemple canadien. Curieusement, il nous a fallu apprendre un langage spécifique, et le logiciel d'évaluation de la qualité avait été choisi par l'HAS comme devant être unique pour tous les hôpitaux, grands ou minuscules comme le mien, d'adultes ou d'enfants, en hospitalisation de jour comme à temps complet. Ce choix politique est assumé par les responsables que j'ai rencontrés. Autant l'inspection de sécurité ainsi réalisée était utile, autant la réflexion sur comment travailler mieux était essentielle, autant le temps passé à suivre les procédures a été considérable.

Et cela s'est fait sans moyens supplémentaires, donc à nouveau au détriment du temps consacré aux patients. J'aurais dû évaluer objectivement le temps passé à faire l'évaluation lors de la démarche qualité, mais je n'ai pas eu le courage de prendre en plus le temps de compter le temps. Je me souviens cependant qu'avant je voyais les familles dont j'étais le consultant de l'enfant une fois par mois. Avec le temps pris par la démarche qualité et les nouvelles procédures, je les ai vues une fois par trimestre !

Je suis injuste. L'HAS a accepté une demande des pédopsychiatres – une seule. Nous avons été dispensés de l'obligation faite à tout hôpital de faire la promotion du don d'organe lors de l'admission du patient. Elle aurait effectivement été assez perturbante pour un enfant psychotique... En revanche, nous ne pouvons plus faire un groupe « cuisine » avec les enfants, en continuité d'avec leur vie familiale, dans la cuisine d'un hôpital de jour. Les règles de la restauration collective imposent une stricte séparation entre le lieu où la nourriture est élaborée et celui où elle est consommée.

D'autres gouvernances sont possibles : l'exemple des guildes en témoigne. Au temps de la Hanse, au Moyen Âge, l'union des cités de l'Europe du Nord régna sur le commerce maritime pendant 150 ans. Ces navigateurs, qui avaient pour fière devise *Vivre n'est pas nécessaire, naviguer est nécessaire*, commerçaient en ne donnant en gage que leur parole. Celle-ci suffisait et pour une raison simple : celui qui n'avait pas tenu parole ne pouvait plus jamais commercer. Il semble que cela soit toujours la règle à notre époque chez les diamantaires d'Anvers. Dans une équipe soignante pour qui la parole compte, l'engagement d'un collègue à être là auprès des enfants à tel moment est fiable. Support identificatoire important lorsque l'on œuvre à faire entrer des enfants dans le langage…

L'humanité se suicide-t-elle ?

Nous venons de faire l'inventaire d'un appauvrissement de la qualité humaine des échanges dans la société moderne, interrogeant une désymbolisation opératoire, laquelle expose à la défense primitive par le déni. Une carence psychique, en somme. Mais peut-être sommes-nous injustes envers l'esprit humain qui est aussi capable de pulsions destructrices extrêmement puissantes au-delà de sa propre préservation, de son autoconservation, non par carence, mais par excès. Pas seulement envers ses semblables, comme le XXe siècle l'a tragiquement démontré. Allons plus loin, car cela peut être contre lui-même. La pulsion de mort tournée, pour Freud, vers l'individu lui-même rend bien compte de son suicide. Peut-on imaginer que la psyché collective détruise son environnement non pas malgré le risque mortel mais dans ce but ?

Une caricature des joutes oratoires de la IVe République française en proposait cet exemple : « Le pays est au bord du gouffre, il est temps de faire un grand pas en avant ! » C'est *quand même* un peu notre attitude. Instruite d'une pulsion de mort dans l'humain, dont l'histoire nous a montré de terribles exemples, la réflexion métapsychologique doit se poser la question : notre aveuglement est-il au service de l'autodestruction ? Sommes-nous des lemmings courant ensemble vers la falaise ? Ce mythe instauré par un vieux documentaire s'est révélé faux. Les lemmings ne sont pas si fous. Et nous ? Est-ce notre pulsion de mort qui nous anime par ce déni ? Je ne le crois pas.

La pulsion de mort est bien convoquée, mais, je le pense, dans le déni lui-même, qui y recourt pour scotomiser le risque mortel, pour fracturer notre psyché collective en ne mettant pas en communication ce qu'une partie de nous sait très bien et la vie plaisante que l'autre partie de nous refuse de reconnaître comme à perdre. Nous y reviendrons à propos des travaux de W. R. Bion, car la pulsion de mort – comme modèle pour penser – rend bien compte de l'attaque contre les liens, de la faille (*Spaltung*) dans nos esprits que réalise le clivage.

Dans mon exemple oratoire, le comique naît simplement et efficacement de ce que les deux termes de la phrase ne sont pas reliés. Bergson soulignait en 1899 assez clairement le passage de l'humain à l'inanimé dans ce qui provoque le rire : « un homme, qui courait dans la rue, trébuche et tombe : les passants rient* » ou « nous rions toutes les fois qu'une personne nous donne l'impression d'une chose** ». Sa formule est proche de la définition freudienne de la pulsion de mort comme visant à ramener l'individu à l'inanimé. En coupant le lien de la pensée, le clivage rend l'orateur qui fait un grand pas en avant au bord du gouffre stupide ; et risible.

Comment agir sans temps ni récit ?

Pour Paul Ricœur, le temps est un temps raconté, récit historique, récit fictionnel et poétique*** : « Le temps devient temps humain dans la mesure où il est articulé de manière narrative****. » Il est tout à fait remarquable, mais logique, que

---

* Henri Bergson, *Le Rire. Essai sur la signification du comique* [1899], Paris, Puf, 1964, p. 7.

** *Ibid.*, p. 44.

*** Paul Ricœur, *Temps et Récit, Paris, Seuil, t. I,* 1983, *t. II*, 1984 et et *t. III*, 1985.

**** *Ibid.*, p. 17.

cette impasse temporelle de notre époque ne produise aucun récit de l'aventure d'une maîtrise du changement climatique tentée par les hommes*. Seule la version de l'effondrement est mise en récit. Depuis longtemps, des fictions postapocalyptiques décrivent un monde désolé et barbare après une destruction de l'ordre social qui autorise des satisfactions pulsionnelles débridées, et en particulier une agressivité sans limite. Ainsi les films *Mad Max*** ont eu un grand succès, trois ayant suivi le premier, avec un quatrième en 2024. D'autres fictions trouvent dans le Moyen Âge les mêmes libertés. Le premier épisode de *Games of Thrones**** convoque ainsi un inceste fraternel, un meurtre d'enfant et le noble apprentissage du fils du roi, âgé de 12 ans : il doit savoir décapiter lui-même l'homme qu'il a condamné à mort. Ceci nous évoque les pires mises en scène agies par Daech, mais participe au succès mondial de cette série. En revanche, certaines fictions sont clairement inscrites dans une logique d'autodestruction de son

* En dehors d'une émission télévisée éducative : *2050 : ouvrons les yeux !*, documentaire-fiction d'Isabelle Quintard, Étienne Grelet et Clément Granon (France, 2022, 52 min) sur laquelle nous reviendrons.
** Film australien de Georges Miller, avec Mel Gibson, 1979.
*** Série de David Benioff et Daniel B. Weiss, diffusée sur HBO en 2011.

environnement par l'humanité. Ainsi *Silo** est une fiction dystopique montrant une colonie humaine enfermée dans un silo de 144 étages du fait d'un environnement supposé – ou décidé ? – toxique.

Johan Chapoutot, dans *Le Grand Récit. Introduction à l'histoire de notre temps*** a justement trouvé un récit de la catastrophe climatique, mais qui pour se faire utilise le paradoxe temporel de conjuguer le passé au futur : une histoire-fiction mise en scène par Erik M. Conway et Naomi Oreskes. Un historien chinois du futur se penchant sur les causes, étranges pour lui, qui ont amené l'humanité à une période de Pénombre (1988-2073) puis au Grand Effondrement et à la Migration Massive (2073-2093). Il se rend compte que le GIEC a été créé en 1988 et pense qu'une chance existait encore en 2009 lors de la COP15. Chapoutot cite ce texte en soulignant que les auteurs font dire à leur historien que, malgré l'évidence des événements climatiques exceptionnels, « l'ombre de l'ignorance et du déni s'était abattue sur ceux qui se croyaient les enfants des Lumières*** ». Il met en cause « l'étau de deux idéologies inhibantes, le

* Série de Graham Yost avec Rebecca Ferguson, 2023.
** Johann Chapoutot, *Le Grand Récit. Introduction à l'histoire de notre temps*, Paris, Puf, 2021, p. 341.
*** Cité par Chapoutot, *ibid.*, p. 343.

positivisme [des scientifiques] et le fondamentalisme de marché* ». Ce dernier est assimilé à une croyance religieuse – nous y revenons encore après les enfants Hopi – « dans la "main invisible", une *emporiodicée*, pourrait-on dire, cette théodicée du marché (*emporion*) qui croyait et faisait croire que le marché était le lieu optimal d'allocation et de distribution des ressources, par l'échange et les prix (un "marché du carbone" fut créé car le marché était la panacée)** ».

Le thème de la fin de notre monde n'est pas nouveau et le beau film *La Jetée**** de Chris Marker, que nous évoquions plus haut, en donnait déjà en 1962 un exemple en se situant dans un temps post-guerre atomique où la surface de la Terre étant devenue inhabitable, les humains survivants s'étaient terrés sous le sol, mais allaient manquer d'énergie. Fait de plans fixes comme un roman-photo, il montrait les vainqueurs cherchant parmi les vaincus un candidat pour voyager dans le temps, seul espoir de sauver l'humanité. Si l'humanité existait dans le futur, c'est qu'elle

---

* Erik M. Conway, Naomi Oreskes, *L'Effondrement de la civilisation occidentale*, Paris, Les Liens qui libèrent, 2014, p. 55-56.

** *Id.* Marché qui montra son efficacité en permettant… une extraordinaire fraude à la TVA !

*** Film de Chris Marker, 28 mn, avec Jean Négroni, 1962.

avait survécu, et devait donc faire parvenir une source d'énergie dans le présent pour que ce futur advienne. Paradoxe circulaire familier à la science-fiction temporelle. Le choix s'était porté sur un homme qui faisait un rêve répétitif depuis son enfance et semblait donc déjà savoir un peu voyager dans le temps : sur la grande jetée d'Orly – symbole de conquête du ciel à l'époque –, il voyait un homme mourir et s'effondrer devant lui dans la foule. Dans une étude sur ce film*, j'ai essayé de montrer le fantasme d'autoengendrement qui sous-tend le scénario. Ayant réussi la mission et ramené le salut de l'avenir, le héros se voit proposer par les hommes du futur de les rejoindre. Mais il choisit – nostalgie œdipienne bien compréhensible – de retrouver une femme aimée autrefois avant-guerre. Les vainqueurs de la guerre le rattrapent cependant, ayant appris à voyager eux aussi dans le temps, et l'abattent... sur la grande jetée d'Orly ! Il s'écroule devant un petit garçon, qui en fera toute sa vie un rêve répétitif : celui de sa propre mort. Nous sommes témoins de l'engendrement circulaire de son destin où sa mort origine sa vie psychique, comme d'un autoengendrement

* Denys Ribas, « La mort comme origine, une figure de l'autoengendrement : *La Jetée* de Chris Marker », *Revue française de psychanalyse,* vol. 55, n° 5, 1991. Et in *Les Déliaisons dangereuses*, *op. cit.*, p. 29-34.

qui défie la scène primitive. L'universalité de ce fantasme, central dans la psychose, a été travaillée tant par Paul-Claude Racamier*, qui identifie chez le schizophrène un fantasme d'*autodésengendrement*, que par Piera Aulagnier** pour qui le passé se construit. Il assure le déni de la scène primitive au prix d'y perdre son rôle organisateur de la différence des sexes et des générations. Il semble le ressort principal de *La Jetée*, et souvent celui de la science-fiction temporelle. Le jeune spectateur de *Retour vers le futur**** frémit lorsqu'il voit le héros interférer avec la rencontre de ses parents par son voyage dans le temps. Il voit d'ailleurs, astucieusement représenté par le réalisateur, le fait qu'une photo de lui en famille l'efface peu à peu alors que leur union devient moins probable… surtout quand la future mère semble plus intéressée par son fils que par son possible futur père !

Mais, dans *La Jetée*, le recours, à l'époque où il était tout à fait possible que l'apocalypse nucléaire survienne, au fantasme d'autoengendrement a un sens qui nous intéresse : le futur qui les délivre de l'impasse est en quelque sorte autocréé. Cela

---

* Paul-Claude Racamier, *Le Génie des origines*, Paris, Payot, 1992.

** Piera Aulagnier, *L'Apprenti-historien et le Maître-sorcier*, Paris, Puf, 1984.

*** *Retour vers le futur*, film de Robert Zemeckis, 1985.

nous permet d'interroger en retour les évolutions sociétales actuelles concernant la naissance et la conception des enfants, et leur résonance possible avec la menace du réchauffement climatique. Cela nous rapproche ici de l'angle que nous avons vu François Hartog adopter et qui revient à supposer des effets sociaux directement liés à la menace climatique. Interrogeons cette dimension, en particulier pour ce qui concerne la conception des enfants et la natalité en Occident.

Les évolutions sociétales actuelles ont-elles un rapport avec la menace climatique ? Et lequel ?

Souvent vue comme la conséquence de la pandémie et des confinements successifs, une remise en cause du sens du travail et de la priorité accordée à sa carrière semble repérable actuellement, avec un recentrement sur le foyer, post-télétravail, et des envies de campagne. Nous savons cependant que les confinements se sont aussi accompagnés de plus de violences conjugales, d'isolement et de syndromes dépressifs. Mais il est indéniable que les crises sont facteurs et occasions de changements de vie.

Nous devons néanmoins interroger cette perte du sens de la vie ressentie par les jeunes générations. Est-elle la conséquence de cette perte collective du futur qui accompagne le déni, y compris pour ceux qui n'en ont pas fait un engagement militant qui *a contrario* prend sens ? Ou justement traduit-elle la lucidité des plus jeunes sur l'incertitude de leur avenir ?

De même, le fait que certains jeunes couples ne veulent pas d'enfants et que la natalité baisse, alors que la France était plutôt plus féconde que ses voisins, ne traduit-il pas cette non-représentation d'un avenir ? Là encore, c'est consciemment que certains refusent de mettre des enfants au monde au vu de son irresponsabilité. Mais il me semble que c'est alors plus par projection narcissique dans l'enfant, comme tout parent bien sûr selon Freud, pour ne pas lui faire subir ce triste sort, que par abstinence reproductive pour ne pas accabler la planète.

Fin du but social de la reproduction ou attaque contre la scène primitive ?

De manière encore plus spéculative, nous interrogerons la place que tiennent actuellement les évolutions sociétales concernant la différence des sexes, les changements de genre* ou le refus du sexuel, et la relation qu'elles pourraient avoir avec la menace climatique. N'entrons pas dans les polémiques violentes qui accompagnent les débats sur les transitions de genre précoces, opposant les militants, qui luttent avant toute autre considération contre les discriminations, et les tenants de certaines réalités qui refusent avec raison des actions de transition précoces possiblement mutilantes – mais qui semblent parfois convoquer aussi une nature ordonnant le monde, ce qui est plus discutable. Ces attaques rendent hélas difficile d'aborder beaucoup de questions essentielles pour les sujets concernés et des interrogations de fond – par exemple sur la construction de l'identité de genre, sur le désir, la bisexualité psychique et le corps érogène.

Je voudrais seulement interroger les évolutions des sociétés humaines. Par exemple la possibilité, en Espagne, pour un jeune de seize ans, de choisir son sexe légal par une déclaration indépendamment

* Nous retrouvons une figure de l'épître de Paul assurant aux Galates et aux Colossiens « qu'ils n'ont plus de différences de peuple, de statut d'hommes libres ou d'esclaves, ni de sexe masculin ou féminin entre eux », en remarquant cependant que la demande de changement de sexe affirme leur différence, mais avec la croyance d'en avoir le pouvoir. C'est plus la revendication « non binaire » qui pourrait être alors convoquée.

d'un processus de transition physique*. Est-ce le résultat d'un siècle de conquête de l'affirmation de l'individu, à laquelle la psychanalyse a d'ailleurs bien contribué ? Ou bien, à l'opposé du déni conscient de la menace climatique, une tendance souterraine est-elle *en conséquence* à l'œuvre dans le groupe social, celle d'abandonner la priorité absolue donnée depuis des siècles à la reproduction ? Cette priorité impliquait logiquement de normer la différence des sexes et de réprimer les écarts qui la remettaient en cause, comme les indéterminations sexuelles à la naissance (chirurgicalement) ou les variations de l'orientation sexuelle (l'homosexualité reste passible de mort dans certains pays) ou de l'identité de genre. Telles sont les leçons tirées de l'aboutissement et de la fin des missions de la Genèse que j'évoquais, leçons refusées bien sûr unanimement par l'ensemble des religions.

Mais là aussi le lien peut se renverser : au lieu d'y trouver un sens collectif opposé au déni et reconnaissant l'épuisement de la Terre et la nécessité d'une décroissance de sa population, doit-on y voir l'inverse ? La perte du futur et la déception des promesses de vie – comment « donner la vie » dans un monde condamné ? – entraînent-elles une perte de sens qui attaque et détruit le fantasme originaire

* Loi votée le 16 février 2023.

de la scène primitive, organisateur nous l'avons vu de la différence des sexes et des générations, donc de l'inscription dans une filiation ? On assisterait alors à une perte collective de sens, cause possible du malaise de notre civilisation. Une désymbolisation ayant pour conséquence le brouillage de la différence des sexes et comme résultat une baisse des naissances. Une observation va contre cette hypothèse : les personnes auxquelles de nouveaux droits sont donnés réclament haut et fort la possibilité d'avoir des enfants...

Enfin, une hypothèse qui n'est pas psychiquement la plus probable doit aussi être envisagée. La réalité de la reproduction humaine, depuis l'après-guerre et la possibilité du don de sperme, s'est considérablement complexifiée ces dernières décennies, avec la procréation médicalement assistée maintenant accessible aux femmes seules et aux couples homosexuels, y compris masculins dans les pays où la gestation pour autrui est autorisée. Je ne pourrai bientôt plus dire avec une totale évidence à un patient qui refoule la scène primitive et la représentation des relations sexuelles de ses parents : « Je pense que vos parents ont fait l'amour : j'ai une preuve ! » W. R. Bion en avait donné un exemple à propos d'un patient qui depuis quelques mois s'allongeait sur le divan en disant : « Je ne sais pas ce que je veux dire », et restait silencieux. Il lui donna alors l'interprétation que sa présence, allongé là, voulait dire qu'un homme et une femme avaient fait l'amour.

Que la naissance psychique se fasse aussi grâce à l'environnement psychique premier de l'enfant, et porte donc aussi la marque de l'organisation psychique collective non seulement contemporaine mais également transmise entre les générations est, je pense, reconnu par tous. L'hypothèse que l'évolution de la réalité de la conception des enfants modifie la symbolisation psychique collective de l'origine ne peut être écartée, bien que tout notre propos repose plutôt sur la difficulté psychique à reconnaître la réalité.

On peut d'ailleurs craindre alors une destitution de l'engendrement symbolisé par la scène primitive au profit d'un autoengendrement opératoire qui, dans notre expérience, n'est pas un cadeau pour l'organisation psychique. La libération sexuelle de ma génération a peut-être évité à certains enfants de la génération suivante le poids névrotisant de la répression de la sexualité, mais au prix d'une priorité donnée aux besoins des parents sur ceux de l'enfant, qui s'est accompagnée de problématiques narcissiques et dépressives parfois plus douloureuses. En sera-t-il ainsi aujourd'hui pour les problématiques identitaires ?

Je tiens à préciser que, pour moi, ce n'est en aucun cas aux psychanalystes de légiférer sur ce qui est sain pour une société. Nous devons identifier les évolutions et interroger en conséquence nos théorisations et leur pertinence. Nous nous occuperons des personnes qui auront besoin d'aide et d'être écoutées sans *a priori* ni jugement. Et cela nous instruira.

CHAPITRE V

Notre défi : regarder en face les réalités planétaires

W. R. Bion : recherches sur les petits groupes

Je vais à nouveau faire appel à un psychanalyste pour éclairer notre question de l'urgence de la mise en travail de notre déni collectif. W. R. Bion, dans ses *Recherches sur les petits groupes**, a publié son expérience de l'étude du fonctionnement en petits groupes. Ce penseur très original a su remettre en cause certains des postulats de Mélanie Klein, offrant une nouvelle approche de la psychose et du fonctionnement psychique en

---

* Wilfred R. Bion, *Experiences in Groups*, Londres, Tavistock Publications Ltd, 1961. Traduction française : *Recherches sur les petit groupes*, Paris, Puf, 1965.

général*. Dans le contexte de la guerre et de l'après-guerre, ces groupes associaient des patients hospitalisés – dont des soldats –, des soignants et des étudiants. Il constata une organisation spontanée du groupe selon diverses structurations, dont quelques « hypothèses de bases ».

Alors que notre groupe humain devrait, pour faire face au danger climatique commun, d'autant plus fonctionner sur le mode élaboré que Bion appelait un « groupe de travail », nous constatons qu'il réagit selon une modalité plus primitive : l'hypothèse de base de « l'attaque fuite », qui est fondée sur la projection et le clivage. Attaque de n'importe quel bouc émissaire, fuite par le déni.

Nous avons vu que la fracturation de l'unité des ensembles humains – pulsion de mort et clivage – redonne immédiatement un étranger et un ennemi, potentiel ou déclaré, à haïr. Issue psychique rudimentaire et imparable qu'illustre tragiquement la guerre en Ukraine. L'unité nationale est restaurée et la priorité vitale de la guerre s'impose avec évidence. Cela n'empêche pas le permafrost de continuer à fondre dans la taïga russe… Des constructions s'y effondrent, du méthane est libéré,

* On remarquera qu'il donne l'exemple de ce que les acquis de la psychanalyse sont donc réfutables au sens de Karl Popper et que la psychanalyse peut donc avoir un esprit scientifique à défaut d'être une science exacte.

et peut-être aussi des virus oubliés. Mais les enjeux de vie et de mort de l'attaque de l'ennemi gomment toute interrogation environnementale : qui oserait interroger le bilan carbone d'un char d'assaut de quarante tonnes quand on en manque dramatiquement ? Ou demander si Israël *et* Gaza seront menacés par une montée des eaux de la Méditerranée ? Quel est le prix à payer en CO_2 pour brûler un pays ? Ou celui de l'industrie de l'armement qui pourrait alors être le salut ? Néanmoins, la guerre en Ukraine s'est heurtée à la réalité : la planète reste à la fois une et un espace fini, et la menace d'une famine mondiale est apparue du fait du blocage par la guerre des exportations de blé et d'engrais.

D'autres guerres seraient possibles pour éviter, de façon suicidaire, de faire face au danger commun. Des guerres de religions, par exemple, que convoque le conflit au Proche-Orient. Par ailleurs, le dérèglement climatique amènera lui-même d'autres vrais conflits. Préparons-nous à des guerres pour l'eau, à des migrations des populations dont les terres seront submergées ou désertifiées, motivations bien réelles. D'où l'urgence de se mettre au travail sans attendre.

L'hypothèse de base dépendance et l'inquiétant recours au leader

Bion n'est pas rassurant dans son étude des groupes en remarquant qu'une troisième hypothèse de base, celle de la *dépendance*, s'ajoute à celle de *l'attaque fuite* et à celle décrite ensuite qui convoque un couple sexualisé par le groupe. « C'est celle qui suppose que le groupe se réunit pour être "sécurisé" par un individu dont il dépend*. »

Cela ne nous surprend pas, et nous devons envisager qu'une crise mondiale débouche un jour sur une dictature écologique. Ou autre ? Mais il ajoute plus loin : « Je ne chercherai pas à expliquer pourquoi le groupe, quand on le laisse agir de façon spontanée, choisit toujours pour *leader* dans l'*HBD* [hypothèse de base *dépendance*] son membre le plus malade. » Il poursuit, faisant lui-même, après Freud, une application de ses recherches à de grands groupes sociaux** : « C'est un fait connu depuis longtemps ; cela est si vrai que

* Wilfred R. Bion, *Recherches sur les petits groupes*, *op. cit.*, p. 42.

** Extension également utilisée par Gilbert Diatkine pour décrire en 2000 un Surmoi culturel, titre d'un livre qui en poursuit l'élaboration et vient de paraître aux éditions Fario :

les grands chefs religieux – et le groupe religieux est naturellement un groupe dans lequel l'hypothèse de dépendance est active et vitale – sont souvent tenus pour fous ou possédés du démon*. » Bion nous incite à nous souvenir que les religions convoquent une symétrie inverse entre Dieu et le diable : Lucifer est un ange déchu. Ce qui est peut-être aussi la prise en compte de l'envie destructrice, au sens que lui donnera Mélanie Klein. Cela nous rappelle aussi qu'Hitler – le *Führer* – est parvenu démocratiquement au pouvoir. L'idéal démocratique postule un groupe humain rationnel, ce que ne confirme pas vraiment l'expérience ; je laisse à chacun ses éventuelles associations sur les leaders passés et actuels du monde au vu des récentes élections.

Le Surmoi culturel. Aux sources de la violence collective, Paris, 2023.

* Wilfred R. Bion, *Recherches sur les petits groupes*, *op. cit.*, p. 80-81.

Comment agir culturellement sur un déni collectif ?

Don't look up* : *substituer du refoulement au déni*

Examinons une tentative culturelle de dénonciation du déni de la menace climatique. Le film *Don't look up* choisit un humour au vitriol pour dénoncer notre déni de la catastrophe qui arrive. Mais, pour ce faire, il contourne l'impasse projective en représentant un danger *extérieur* qui devient visible – un astéroïde qui va entrer en collision avec la Terre –, que l'on peut essayer d'attaquer et de détruire. Pour réussir à critiquer le déni, le film le contourne par la métaphore de la comète qui arrive du dehors, sauvant ainsi la topique nécessaire à la représentation. Il l'adoucit aussi paradoxalement par son humour efficacement défensif et la dérision lui permet de mettre en scène une accusation féroce : la présidente folle s'enfuit en oubliant son enfant stupide. N'est-ce pas pourtant l'accusation qui peut nous être adressée, de sacrifier les générations futures ? Lorsque le déni et la cupidité ont ôté tout espoir, quand la fin

* De Adam McKay, 2021.

est imminente, les humains se serrent contre leurs proches. On retrouvait cette figuration à la fin du film *Melancholia* de Lars von Trier (2011), dont le scénario pourrait être de Freud. À la fin du film, alors que la comète Melancholia qui symbolise la dépression et va détruire la Terre s'en approche, les héroïnes se réunissent avec l'enfant dans une tente « magique » pour se tenir les mains au moment de la mort. Ainsi, *Don't look up* convoque, peut-être involontairement, l'alternative déni/mélancolie que nous avons soulignée.

Un joli tour du réalisateur permet au spectateur qui aura eu la curiosité d'attendre la fin du générique de découvrir le sort des privilégiés qui ont réussi à quitter la Terre et à trouver, 22 000 ans plus tard, une planète qui semble accueillante. Semble seulement, car une grande fleur mange toute crue la présidente ! Fin après la fin, châtiment plaisant mais aussi avertissement : il n'y aura pas de planète de secours. Cette seconde fin, qui en prive une partie des spectateurs, est ambiguë : le réalisateur ne savait-il pas choisir et a-t-il ainsi proposé les deux ? En les séparant, a-t-il figuré dans la forme même du film notre clivage ? Ou nous montre-t-il que seuls certains spectateurs verront la fin du film, comme seuls se sauvent les milliardaires (allant ainsi vers leur fin tout court pour que la morale soit sauve), pour nous dire par cette forme dédoublée du contenu dans le contenant formel que le message du film le déborde et que nous sommes en train d'en vivre la réalité ?

Son film donne en tout cas un ennemi extérieur à la menace, peut la représenter et substitue ainsi pour le spectateur le refoulement au déni par la caricature des dirigeants que nous pouvons regarder sans nous reconnaître. C'est, par ce gain important, une issue culturelle. Mais, atténuée, est-elle alors suffisamment efficace ? Nous allons voir un exemple d'autres créations cinématographiques ne ménageant nullement le spectateur.

Le film Soylent Green *(*Soleil vert*) en 1973 ne prenait pas ces précautions*

Ce film de Richard Fleischer montrait sans aucun fard l'avenir d'une planète brûlée par le soleil, aux ressources épuisées, où des dominants maintenaient une population en esclavage en la nourrissant d'un supposé dérivé du plancton. Il mettait en scène l'incitation au suicide et sa récompense : mourir devant de belles images de la nature disparue. Il révélait à la fin le vrai constituant de l'aliment *soylent green* : les cadavres des morts. Alors que les premières inquiétudes sur le climat étaient connues, ce film fut considéré à l'époque plus comme une dystopie que comme une anticipation et semble n'avoir déclenché aucune prise de conscience collective.

2050, ouvrons les yeux !

Entre refoulement audible et apocalypse insupportable, comment entamer le déni ? Dans une émission à une heure de grande écoute* proposant deux scénarios de réchauffement pour 2050, le choix a été récemment fait d'imaginer, dans le scénario vertueux qui le limiterait à 1,5 °C, que la prise de conscience se faisait après une effroyable canicule ayant fait 100 000 morts en Europe. Doit-on souhaiter qu'une catastrophe majeure survienne le plus vite possible pour réveiller les somnambules climatiques tant qu'il en est encore temps ? En tout cas, cette hypothèse fait appel au traumatisme pour changer la donne, ce qui a une logique psychique. Pas à coup sûr, puisque dans l'hypothèse pessimiste, la canicule meurtrière n'entraînait pas la conviction de la majorité des Français.

---

* *2050 : ouvrons les yeux !*, documentaire-fiction d'Isabelle Quintard, Etienne Grelet et Clément Granon (France 2022, 52 min).

L'expérience d'un péril mondial : la pandémie du coronavirus

J'ai cru un moment que nous étions sauvés – si l'on peut dire – du déni par l'attaque de la planète entière par un virus meurtrier, un véritable ennemi. Une certaine unité du monde s'est faite contre cette attaque, mais sans empêcher les gouvernants chinois d'impliquer la responsabilité d'une délégation sportive américaine tandis que le président américain d'alors le baptisait « virus chinois ». Soulignons aussi que les pays riches ont tardé – puis renoncé – à vacciner le reste de la planète, ce qui eût été pourtant bien comprendre leur intérêt. Il eût en effet mieux valu ne pas laisser une zone de libre multiplication virale favorisant l'apparition de nouveaux variants imprévisibles. Nous avons eu de la chance : les mutations ont augmenté la contagiosité mais pas la létalité.

Avec cet ennemi authentique ayant fait plus de 100 000 morts en France*, la population a dans sa majeure partie accepté les restrictions très

---

* 161 000 en février 2023 (CSSEGISandData/COVID-19, COVID-19 Data Repository by the Center for Systems Science and Engineering [CSSE] at Johns Hopkins University) et 6 859 000 de morts dans le monde dont 2 193 638 en Europe au 28 février 2023 (source ECDC, Santé publique France).

importantes de la liberté de se déplacer lors des confinements successifs. Les transports aériens se sont presque arrêtés. La peur de la contamination par l'étranger a réalisé – pendant un temps – ce qu'aucun écologiste n'aurait imaginé dans ses rêves les plus fous : ne plus brûler de kérosène. Nous avons vécu masqués pendant deux ans. Face à une menace mortelle immédiate, nous avons accepté d'être limités par les autorités légales du pays.

Mais pas tous ; il est intéressant dans notre étude sur le besoin collectif de projection de noter que pour quelques-uns, le virus n'a pas suffi à le combler. Curieusement, un certain nombre de personnes ont davantage eu peur du vaccin que du virus ou en ont fait leur ennemi le plus dangereux : triomphe de la projection. Est-ce parce que l'on peut maîtriser l'injection du vaccin et la refuser, alors que la contamination par le virus est invisible et incontrôlable ? Ou est-ce au contraire en raison de la difficulté à se soumettre concrètement à une pénétration étrangère de leur limite corporelle ? Ou à se soumettre aux autorités ? S'agit-il pour eux de deux passivités intolérables ? Passée la pandémie, il apparaît que les *antivax* sont nombreux parmi les climatosceptiques.

En revanche, l'épidémie, réalité qui a beaucoup affecté les patients et bouleversé les cadres de travail des médecins, avait provisoirement redonné aux humains un horizon temporel à court terme : l'espoir de retrouver la vie d'avant. Demain hier !

Je ne suis pas sûr que cet espoir de retrouver la vie d'avant soit le plus efficace pour accorder à la pandémie un effet bénéfique sur la conscience planétaire, alors qu'elle a pourtant démontré aussi qu'on pouvait dans la nécessité modifier profondément notre mode de vie. Mais à quel prix ? L'émission télévisuelle d'anticipation éducative que j'ai signalée semblait s'être calquée sur ce modèle en supposant comme base de départ des canicules aussi meurtrières.

Maigre consolation pour nos doutes sur l'efficacité des démocraties à faire face aux périls qui imposent des contraintes : le pouvoir quasi absolu des dirigeants chinois, qui avaient imposé une très stricte politique « zéro Covid », n'a non seulement pas fait mieux mais a abouti à un effondrement avec probablement de lourdes conséquences en vies humaines.

CHAPITRE VI

Quelle économie pulsionnelle pour une sobriété collective ?

Le crépuscule des ogres

C'est bien notre légitimité et notre devoir de psychanalystes d'interroger ce point, puisqu'une sobriété acceptée par l'ensemble des humains, par exemple de diminuer chacun d'un tiers sa production de CO_2, serait déjà une grande partie de la solution. Ce n'est pas gagné, d'une part parce que, comme vous, *je ne le ferai que si vous le faites aussi*, mais d'autre part, même si des *vegans* sont apparus, parce que l'économie pulsionnelle à trouver ne va pas de soi.

Un certain nombre de faits sont bien connus. Les humains basculent facilement d'un excès dans l'autre. Boulimie et anorexie peuvent ainsi alterner. Ce qui est attesté est notre appétence pour l'excès, savamment exploitée par les industriels. Hélas, nous savons que le traitement de la toxicomanie est particulièrement difficile. Certains anciens buveurs ne résistent qu'au prix de positions d'abstinence radicale. Devrons-nous aller à des réunions de réchauffeurs climatiques anonymes ?

Comme en santé publique, la régulation modulée est la plus difficile à atteindre. Elle suppose de disposer d'une certaine liberté face à la dépression pour ne pas être contraint de lutter contre le risque dépressif par l'excitation comme dans l'hypomanie, tout en acceptant un registre de culpabilité efficace pour avoir une préoccupation, un *concern* au sens winnicottien, de l'environnement et de la nature avec un respect et une capacité de partage avec les autres. On voit le poids moral ainsi convoqué. Une organisation névrotique acceptant des interdits et protégée à ce titre par le surmoi serait bienvenue. Protection qui en l'occurrence serait d'ailleurs réelle. Donc, à moins de verser dans un idéal fanatisé, l'intervention d'une autorité crédible, respectant elle-même ses interdits, semble la seule issue envisageable.

Comment transformer une civilisation de l'oralité en culture de l'analité ?

Il est clair que nos appétits sont démesurés, mais c'est avec une prime de plaisir conséquente que nous avons dévoré la planète à belles dents. Explorer les splendeurs de la Terre, aller plus vite, plus loin, acheter de belles choses neuves, avoir l'objet technologique dernier cri, une voiture plus puissante, de préférence avec le plus gros moteur. Tels des toxicomanes du caddy, il nous en fallait toujours plus. Nos rêves de puissance étaient sans limite.

Un idéal radin ? L'homme rassis

Si ce n'est pas une bonne idée de choisir un ou une partenaire amoureux radin ou radine, notre Terre, elle, est demandeuse. Ce « tue-l'amour » sauvera-t-il la planète ? Comment nous réapproprier la retenue, donc la rétention ? Et ce jusqu'à l'avarice ? Tous les petits enfants vous le diront : plus on se retient, surtout si votre mère insiste en vain, plus cela fait d'effet quand cela sort et donc aussi plus de plaisir anal.

Je me souviens, comme les enfants d'après-guerre, de ces repas chez des adultes qui avaient eu faim pendant la guerre et chez lesquels on ne devait pas jeter de nourriture. Il fallait donc manger le pain rassis de la veille en regardant se dessécher le pain frais du jour que l'on mangerait rassis le lendemain. Notons à nouveau là une conséquence d'un traumatisme. En ces temps anciens, les notables des petites villes circulaient en deux-chevaux pour ne pas susciter envie ou reproches. On disait autrefois* d'un homme rendu au calme moral, « dont l'esprit est calme, mûri par la réflexion » qu'il était un homme *rassis*. Ce n'est pas très sexy… Une société conservatrice a existé et il y a aussi un sens heureux à la conservation, qui n'est pas superflue face au danger.

Rassurons-nous cependant : même si les cigales que nous sommes ont dévoré les récoltes comme des sauterelles, il reste des fourmis si l'on en juge par l'épargne des Français, toujours très importante.

On le voit clairement, le fonctionnement mental nécessaire à la sobriété doit comporter une solide base de caractère anal et de registre névrotique obsessionnel. En effet, c'est par le stade anal du développement que l'expérience de la maîtrise sphinctérienne va permettre à l'enfant de s'approprier des capacités psychiques essentielles étayée

* Selon le Littré.

sur les sensations corporelles. Construction de la distinction dedans/dehors et maîtrise par le sphincter du passage à l'extérieur. Pertes et séparation d'avec les selles élaborant à la fois des métaphores sexuelles du pénis et de l'enfant, mais aussi la séparation et le deuil. Maîtrise anale permettant aussi la subjectivation dans l'opposition aux exigences parentales. Plaisir aussi de la stimulation de la zone anale lors de la défécation. Mais ce qui nous concerne dans cette seconde phase anale est l'investissement de la rétention. Freud faisait déjà cette comparaison dans le *Malaise dans la culture* entre la transformation de l'érotisme anal de l'adolescent en traits de caractère anal – parcimonie, ordre, propreté – et leur présence en tant que « revendications culturelles essentielles* ».

Nous en connaissons déjà quelques emplois : « Dans quel bac vais-je jeter cet emballage en carton qui a contenu de la nourriture ? » Ou la joie anale de la fabrication du compost.

Régressions dans l'analité ?

Si nous avons parlé de second stade anal, c'est qu'il suit une première étape. En effet Karl

* Sigmund Freud, *Le Malaise dans la culture*, *op. cit.*, p. 284.

Abraham a décrit deux sous-stades anaux. L'organisation anale est plus avancée que l'oralité dans une logique génétique du développement psychique. Le nourrisson qui d'emblée doit pouvoir téter n'organisera sa maîtrise sphinctérienne que bien plus tard. Celle-ci intégrera aussi l'urétralité qu'a soulignée S. Ferenczi, bien présente dans les joies de la décharge et dans ce qui deviendra notre ambition.

Mais le premier sous-stade anal lui aussi projette et gicle le mauvais au dehors, comme l'étymologie du mot diarrhée le signifie, convoquant *je projette*. L'agressivité primitive l'utilise : gicler, décharger, projeter le mauvais au dehors. La régression anale est donc toujours possible, perte de tout contrôle, et destructivité sans limite.

On comprend tout le gain psychique que représente la capacité de retenir, de maîtriser, de donner forme, de produire, de créer qui va s'étayer sur la fonction anale du corps érogène. Sublimations et esthétique s'y enracinent : Francis Pasche voyait dans le plaisir de l'enfant à faire ses premiers pets sonores la source de toute vocation musicale ou mélomane. Mozart ne lui aurait pas donné tort, qui pratiquait les deux avec bonheur. C'est au même moment que l'enfant va commencer à mettre en forme et à produire du langage. La maîtrise harmonieuse participe au progrès de la culture. Interrogeant le statut psychique de la réalité en 1971, Denise Braunschweig soulignait l'importance de l'analité :

> Notre justification néanmoins repose sur le fait que le psychisme se crée sur le modèle du corps érogène et que nulle zone corporelle, par les sensations qu'elle fournit à la perception interne, expériences de rétention, d'expulsion et de franchissement d'une barrière sphinctérienne entre le dedans et le dehors, ne se prête davantage que la zone anale à fournir des représentations aptes à figurer la réalité tant interne qu'externe, ainsi que les relations avec les objets internes (fantasmes comme objets) et avec les objets externes en fonction de leurs pouvoirs d'attrait et de répulsion*.

Une trame d'analité en résulte dans le langage : le mot « merde » nous vient facilement à la bouche devant une contrariété, mais les mots scatologiques usuels sont recouverts d'une enveloppe d'habitude et de banalité qui leur enlève la crudité de leur saveur. Sans que l'on puisse dire qu'elle est refoulée ; disons plutôt efficacement contre-investie. Ce n'est pas un privilège de l'analité et l'argot peut

* Denise Braunschweig, « Psychanalyse et réalité », *Revue française de psychanalyse*, nos 5-6, 1971, p. 794.

faire de même avec les souhaits les plus crûment œdipiens. Le « nique ta mère » ou le *motherfucker* ne sont pas plus représentés quand ils sont prononcés. Dernièrement, des jeunes m'ont étonné en s'adressant un « Faut vous sortir les doigts du cul ! » pour dire qu'il faut agir, alors que la masturbation anale reste peu avouée, y compris par l'analysant conscient de l'efficacité analytique de suivre la règle de dire tout ce qui vient à l'esprit sans le censurer. Peut-être serait-ce un bon slogan face au changement climatique ?

Par ailleurs, rappelons que les choses ne sont jamais univoques dans le psychisme. Une part d'oralité peut teinter de son caractère l'analité et des régressions temporaires peuvent se faire de l'analité secondaire au registre de l'analité expulsive.

La destructivité anale

Fondement – c'est le cas de le dire – de la maîtrise, l'analité n'est pas par nature bonne ou mauvaise. Comme nos pulsions, elle peut nous sauver ou nous détruire selon son intensité, son inscription dans le temps, et le rapport économique de ses composantes. Paul Denis l'indiquait dans sa conception de la pulsion comme résultante d'un quadrilatère des forces entre un vecteur d'emprise et un autre de satisfaction*. Réclamer la satisfaction sans rien faire pour l'obtenir ne fera pas un amoureux très aimant. Collectionner les humains pour les posséder – emprise totale – sans en jouir est meurtrier. Entre les deux vont se trouver toutes les formes de l'amour tendre, fort, ou jusqu'à la passion.

La maîtrise de l'avidité humaine, et d'autant plus à un niveau collectif, expose donc à un excès auquel le régime totalitaire excelle !

Le caractère conservateur et de maîtrise de l'analité peut en effet parfois laisser la place à sa version expulsive et destructrice et, à nouveau, les mouvements psychiques collectifs ont ces registres à leur disposition. Ainsi une révolte sociale peut commencer par des manifestations maîtrisées d'opposition, puis basculer dans l'émeute, d'abord avec une composante orale et des pillages, puis une destruction prioritairement anale. On peut y voir s'illustrer une composante envieuse au sens de Mélanie Klein : on ne va plus voler ce dont on *a envie* et dont on est privé. On va détruire ce qui *fait envie* sans espoir de l'obtenir, dont on est *envieux*, pour que s'arrête la douleur de la privation.

---

* Paul Denis, *Emprise et satisfaction. Les deux formants de la pulsion*. Paris, Puf, 2002.

Béla Grunberger a proposé il y a longtemps, en décrivant *la relation objectale anale**, d'attribuer au registre anal une capacité destructrice sans limite, ce qui rendait pour lui inutile de suivre Freud dans la conceptualisation d'une pulsion de mort. Soulignant que le fonctionnement digestif va ôter toute singularité aux éléments du bol alimentaire pour en faire un déchet uniforme, il considère qu'un équivalent psychique peut viser les humains, abolissant leur individualité, leur retirant leur humanité pour les traiter comme des choses. Il décrit là le camp de concentration nazi, citant les paroles d'un *Gauleiter* SS : « Auschwitz, anus du monde. »

La maîtrise de l'objet en elle-même peut devenir mortifère et perversion si elle se veut totale, l'immobilisant, le dévitalisant au détriment d'en tirer satisfaction.

Entre les extrêmes d'une maîtrise anale qui met en forme et protège la vie et l'extermination dans la Shoah, il existe bien sûr tous les degrés de l'intrication pulsionnelle entre les pulsions de mort et de vie, si l'on suit ici Freud qui privilégie, pour en peser la destructivité, la prise en compte du rapport économique dans leur intrication, du

* Béla Grunberger, « Étude sur la relation objectale anale », *Revue française de psychanalyse*, vol. 24, n° 2, 1960.

dosage de leur alliage. Pour lui, une pulsion ou un mouvement psychique n'est pas bon ou mauvais en soi : ce sont les rapports économiques en jeu qui décideront de l'issue, de la capacité d'aimer fort et solidement à l'ajout d'un peu de piment sadomasochiste, ou plus loin jusqu'au sadisme authentique ou ses ritualisations sadiennes, voire au meurtrier.

Convoquer notre masochisme de vie

Pour Freud, la première intrication des pulsions de vie et de mort est réalisée en interne par le masochisme érogène primaire qui s'appuie sur la coexcitation libidinale : toute sensation forte, y compris douloureuse, va comprendre une part d'excitation libidinale. Sans aller jusqu'aux issues perverses de ce lien, vous avez pu constater (autrefois...) qu'une fessée pouvait plus exciter un enfant que le calmer, ou que vous ne pouviez empêcher votre langue de titiller une dent douloureuse. L'intrication pulsionnelle ultérieure va trouver l'objet grâce à la dérivation au-dehors par la musculature – *projection* – et permettre tous les dosages du sadisme que nous avons vus. Dans une situation qui paralyse la projection par disparition de l'extérieur, le masochisme serait d'un grand secours. Pourquoi ne s'impose-t-il pas pour nous aider à nous restreindre et sauver la Terre ? Benno Rosenberg a souligné que s'il pouvait être mortifère, il pouvait aussi être un masochisme de vie et se révéler essentiel à la survie*. D'une part pour faire face à la réalité, mais d'autre part dans une dimension secondairement objectale. Le parent qui fait des heures supplémentaires pour offrir des vacances ou des études à ses enfants y trouve un certain bonheur. Pourquoi ce mouvement n'est-il pas évident, celui de nous priver sans hésitation pour offrir une planète vivable à nos enfants, à défaut d'en être capables pour nous-même ? Quel narcotique nous paralyse ? Il faut que nous ayons un sursaut collectif qui nous fasse accepter « de la sueur et des larmes ». Est-ce un Churchill qui nous manque ou un Hitler qui nous bombarde ? La conjonction des deux, bien sûr, et l'héroïsme des Ukrainiens nous le confirme. Une issue assez probable est que des catastrophes climatiques suffisamment brutales nous réveillent. Mais cela se produira-t-il à temps ? Et nous retrouvons notre impasse projective : qui d'autre aurons-nous à haïr, sinon nous-mêmes ?

Un certain masochisme tempéré nous serait donc au plus haut point nécessaire avant ces

---

* Benno Rosenberg, *Masochisme mortifère et masochisme gardien de la vie*, Paris, Puf, « Monographies de la psychanalyse », 1991.

catastrophes pour vivre une élaboration dépressive de notre responsabilité et le deuil de l'abondance infinie. Nous verrons qu'un idéal du moi « endeuillé » de la toute-puissance pourrait y contribuer.

Freud réclame la dictature de la raison *!*

L'espoir qu'une culture de maîtrise de nos instincts soit retrouvée existe aussi pour la civilisation. Elle semble difficile sans la restauration d'autorités interdictrices fortes pour représenter un danger suffisamment pris en compte psychiquement. Ce n'est que dans un second temps que l'agressivité suscitée par la frustration peut s'internaliser et se retourner contre les pulsions en alimentant un surmoi interdicteur.

La *dictature de la raison* est souhaitée par Freud en 1932* dans son échange avec Einstein, *Pourquoi la guerre ?* Pour empêcher cette dernière, « il faudrait [...] éduquer une couche supérieure d'hommes pensant de façon autonome, inaccessibles à l'intimidation et luttant pour la vérité, auxquels reviendrait la direction des masses non

* Sigmund Freud, « Pourquoi la guerre ? » [1932], in *Œuvres complètes, vol. XIX, 1931-1936*, Paris, Puf, 1995, p. 79.

autonomes ». Projet peu démocratique, tempéré dans la phrase suivante : « L'État idéal serait naturellement une communauté d'hommes ayant soumis leur vie pulsionnelle à la dictature de la raison. » Idéal psychique reconnu immédiatement comme utopique. L'année suivante, en 1933*, dans les *Nouvelles conférences...*, c'est face à l'obscurantisme et l'interdit de penser de la religion qu'il écrit : « Notre meilleur espoir pour l'avenir, c'est que l'intellect – l'esprit scientifique, la raison – parvienne de haute lutte, avec le temps, à la dictature dans la vie d'âme humaine. » Il précise cependant que « l'essence de la raison est garant qu'elle ne manquera pas d'accorder aux motions de sentiment humaines et à ce qui est déterminé par elle la place qui leur revient ». Une dictature très éclairée, dont Freud espère alors que de cette contrainte naisse entre les hommes un lien unificateur plus fort.

On mesure tous les dangers de l'excès possible d'un recours collectif à la maîtrise anale pour nous contraindre à la raison. Souvenons-nous de l'imposition par le Parti communiste chinois de l'enfant unique. Indéniablement utile pour la planète, mais

---

* Sigmund Freud, « Nouvelle suite des leçons d'introduction à la psychanalyse » [1932], in *Œuvres complètes, vol. XIX, 1931-1936*, Paris, Puf, 1995, p. 256.

au prix de la pire violence intime. Le monde d'aujourd'hui montre le succès des régimes autoritaires et leur absence de limites, dans la toute-puissance et l'emprise sur les populations, mais aussi dans la durée une fois advenus.

En retour, les révoltes que peuvent susciter les contraintes pourraient être tout aussi violentes. Souvenons-nous qu'il a suffi d'une écotaxe en France pour que les *bonnets* voient *rouge*, puis d'une hausse écologique du prix du gazole pour qu'éclosent des Gilets jaunes sur les ronds-points du pays. Dans les deux cas, les pouvoirs publics ont reculé, comme ensuite en Europe face aux manifestations des agriculteurs.

Une maîtrise harmonieuse et vivante existe

L'enfant qui a appris à faire du vélo découvre un jour qu'il peut lâcher le guidon et en contrôler la course « sans les mains », en liberté. La maîtrise n'est pas qu'un hypercontrôle rigide et mécanique. Le barreur du dériveur ou le véliplanchiste font corps avec le bateau et leurs sensations guident leur corps devenu partie du gréement. Celui qui maîtrise enfin un instrument de musique va pouvoir se dégager de l'emprise du solfège pour vivre la musique ou improviser. Ces vérités individuelles ont-elles des correspondances collectives ? Assurément, avec l'art et la culture. La poésie et la liberté naissent parfois du dépassement d'une extrême rigueur volontairement imposée : on peut écrire un lipogramme, comme Georges Perec son livre sans la lettre « e », bien nommé *La Disparition**. Mais cette liberté qui peut ou non se choisir des contraintes et des défis est très individuelle, même si des mouvements artistiques ont pu la mettre en commun, souvent alors à l'encontre du reste de la société ou de la culture. Comment concilier la contrainte collective et la liberté individuelle, qui me semble une condition de la maîtrise souple ? Les communautés qui dans l'histoire vivaient en bonne harmonie avec leur environnement naturel paraissent plutôt avoir été régies par des traditions lourdement contraignantes.

Une professionnelle de la publicité qui étant donné son métier connaît bien les humains me disait qu'elle aimerait bien avoir comme un permis à points écologique : « Je ne mange pas de viande pendant deux mois, et je peux, du coup, faire un voyage en avion. » Retrouver un choix individuel de sacrifices qui conserve des projets désirables. Et ainsi éviter une soumission complètement passive. Le collectivisme n'est pas une évocation heureuse.

---

* Georges Perec, *La Disparition*, Paris, Denoël, 1969.

C'est pourtant un micrologiciel communautaire chinois, Lui Miao (sur le réseau social WeChat)* qui semble exaucer son souhait en proposant déjà une application qui suit en continu notre production de CO_2. Pourrions-nous nous approprier une part d'homéostasie planétaire, sauvant un espace personnel de la domination collective ?

* Lan Wei, « En Chine, le boom des applications pour inciter les particuliers à réduire leur empreinte carbone », *Le Monde*, 18 mars 2023, https://www.lemonde.fr/planete/article/2023/03/18/en-chine-le-boom-des-applications-pour-inciter-les-particuliers-a-reduire-leur-empreinte-carbone_6166083_3244.html.

CHAPITRE VII

Se battre ensemble… ou entre nous ?

Le hiatus entre menace écologique et mouvements politiques

Illustrant le clivage dans nos sociétés qui accompagne logiquement le déni de la menace climatique, nous avons noté qu'aucun bénéfice électoral n'en a été tiré par le parti se réclamant de l'écologie, en tout cas aux élections françaises de 2022 et de même aux européennes de 2024, qui avaient lieu à la proportionnelle. La liste Les Écologistes – Europe Écologie les Verts n'y a obtenu que 5,50 % des voix. Ce qui est *quand même* extrêmement surprenant. Il convient de tempérer ce résultat avec le score de la liste Parti socialiste – Place publique, soit 13,83 %, car elle prônait également une transition écologique. L'addition des deux atteint alors 19,33 %. Même en y ajoutant d'autres composantes de la gauche prenant en compte l'écologie sans en avoir fait l'axe principal de leur campagne, comme La France insoumise et ses 9,89 %, soit 29,78 % au total, cela reste peu face aux 31,37 % du Rassemblement national si on leur ajoute les 5,47 % de La France fière comprenant le parti Reconquête d'Éric Zemmour ainsi que le Centre national des indépendants et paysans, ce qui porte l'extrême droite à 36,84 %. Pour ce qui nous intéresse, et cela s'est clairement précisé dans la campagne qui a suivi la dissolution surprise décidée au soir du résultat par Emmanuel Macron, les partis d'extrême droite s'opposent résolument à toute mesure de lutte contre le changement climatique, avec un refus farouche de l'éolien. À la même époque, on ne sera pas surpris que Donald Trump ait réfuté les décisions de son concurrent en faveur des voitures électriques et proposé de forer le sol des États-Unis pour en extraire du pétrole : « *Drill, baby, drill !* » Le lien entre populisme et refus de considérer la menace climatique est ici clair. Sa réélection triomphale aura sur le climat une influence mondiale avec la décision en janvier 2025 de sortir à nouveau de l'accord de Paris.

Les facteurs de causalité en jeu dans ce lien entre climatoscepticisme et populisme sont moins clairs. La haine de l'immigré est une constante, orgie projective toujours disponible. Mais l'efficacité de substituer à l'impasse projective face au climat l'issue projective du rejet de l'étranger est un réel danger.

Les élections législatives françaises de 2024 ont démenti l'évidence d'une majorité absolue pour le Rassemblement national et du fait d'un front républicain plus efficace qu'attendu, c'est au contraire un « Front populaire » créé sur les ruines de la NUPES, associant socialistes, écologistes, insoumis et communistes, qui a été le groupe le plus important à l'assemblée, mais très loin d'une majorité absolue. Pour notre sujet, la prise de conscience de l'urgence écologique, rien ne permet de penser que le poids de la défense de la démocratie est moindre que celui de l'écologie dans ce sursaut de mobilisation des citoyens. En revanche, cela démontre que des sursauts collectifs existent.

Dans une assemblée élue pour un an au moins où personne n'avait de majorité et avec la spécificité française de l'assimilation de la coalition à la trahison, une issue aurait pu être un gouvernement réuni autour d'une priorité nationale. La transition écologique, priorité mondiale, aurait pu s'imposer. Il n'en a rien été. Mais ce n'est pas le seul élément troublant.

Les 10 % les plus riches de la population mondiale produisent 48 % des gaz à effet de serre

Les excès du capitalisme sembleraient devoir à terme le menacer lorsque l'on voit se poursuivre un accroissement exponentiel des inégalités. Il est vrai qu'il n'a plus de concurrent depuis l'effondrement du communisme – y compris dans les pays qui se disent communistes et utilisent efficacement l'économie de marché. Nous sommes de plus clairement instruits d'une évidence : la capacité de produire du CO_2 est proportionnelle à nos richesses. Les 10 % les plus riches de la population mondiale produisent 48 % des gaz à effet de serre et même, les 1 % les plus riches sont responsables de 17 %*. En 2025, les 1 % les plus riches de la planète ont épuisé leur budget carbone en 2025 en 10 jours ; Bernard Arnault en quelques heures**. On aurait pu s'attendre à

* Selon le Word Inequality Lab. Audrey Garric dans *Le Monde* du 1er février 2023, p. 8.

** Communiqué de presse d'Oxfam France, « Journée des pollutocrates : les 1 % les plus riches de la planète ont épuisé leur budget carbone 2025 en seulement 10 jours », https://www.oxfamfrance.org/communiques-de-presse/journee-des-pollutocrates-les-1-les-plus-riches-de-la-planete-ont-epuise-leur-budget-carbone-2025-en-seulement-10-jours/.

une très puissante entrée en résonance des révoltes contre les inégalités sociales et de celles contre le dommage fait au climat au sein de nos sociétés. Cela pourrait même donner des idées révolutionnaires, à l'ancienne, qui auraient leur efficacité. Manger les 10 % les plus riches de la population mondiale et affecter leurs richesses à la transition écologique diminuerait déjà de près de la moitié les émissions de gaz à effet de serre, sans compter l'économie en viande bovine. Il s'agit là d'une idée peu correcte, je le reconnais, et imprudente pour un citoyen occidental aux revenus moyens, qui est peut-être déjà dans les plus riches par rapport au reste du monde. Cependant, il ne fait guère de doute qu'au niveau national aussi, pouvoir s'acheter de nombreux biens immobiliers, des voitures puissantes, des avions privés ou des yachts produit du CO_2 en proportion. L'isolation entre le capitalisme et la menace climatique reste stupéfiante et signe la réussite du clivage corollaire du déni, évitant l'entrée en résonnance des deux révoltes.

De même pour l'injustice des responsabilités et des conséquences entre pays développés et en développement*. Au menu de la COP29, à Bakou, figuraient bien des compensations financières entre

---

* Une exception remarquable est à noter dans le projet de protection de la haute mer.

le Nord et le Sud prenant en compte l'historique des productions de CO_2 par les premiers et la définition de New Collective Quantified Goal on Climate Finance (NCQG) pouvant permettre d'aider les pays du Sud à entamer une transition climatique*. Hélas, le retard est déjà immense et la nouvelle élection de Donald Trump une menace supplémentaire.

L'impossibilité de souhaiter la diminution de la production

Comment comprendre que ne se soit pas faite spontanément une convergence des luttes sociales contre l'injustice des rémunérations du travail et du capital, dont l'écart s'accroît constamment, et l'incroyable écart de responsabilité dans la destruction de l'équilibre écologique qui en découle logiquement. Certes le rêve américain permettait à tout ouvrier de se fantasmer Rockefeller; certes le révolutionnaire voulait la place et les richesses de l'aristocrate ou du bourgeois, et non y renoncer pour protéger la planète. Si le psychanalyste y voit la difficulté à accepter de perdre notre puissance, même en rêve, une nouveauté économique et politique radicale apparaît.

---

* *Le Monde* des 10-11-12 novembre 2024, p. 11.

Bruno Latour et Nikolaj Schultz proposent comme cause l'inversion du rapport avec la production devenue génératrice de destruction de la planète.

> Les énergies, depuis deux siècles, se mobilisaient aisément quand il s'agissait d'*accroître* la production, et de rendre *un peu moins injuste* la distribution des richesses ainsi obtenues. Bien sûr, les conflits ont été innombrables entre les différentes formes de libéralisme et les multiples traditions socialistes, mais c'était en comptant sur un accord complet pour augmenter la production*.

Et à leur tour ils soulignent qu'en résulte une incapacité psychique.

> Il n'est donc pas étonnant que l'énormité des menaces prévues par les experts ait si peu d'effet pratique. C'est l'équipement mental, moral, organisationnel, administratif, juridique, si longtemps associé au développement qui tourne à vide parce qu'il était fait pour diriger l'attention vers ce qui est devenu une impasse**.

---

* *Ibid.*, p. 27.
** *Ibid.*, p. 28.

Ils appellent en conséquence à la naissance d'une *nouvelle classe écologique** pour sortir de la paralysie de l'action.

Denis Pingaud, quant à lui, ne désespère pas devant ces constats et propose dans son livre *Sortir de l'impasse. Le temps de la social-écologie*** une issue heureuse et non punitive associant à la fois limitation du réchauffement planétaire et justice sociale impliquant que la gauche française se réinvente et s'ouvre pour renouveler la démocratie. Souhait peut-être utopique d'une rupture avec les pratiques politiques de la gauche française, qui permettrait des compromis, par exemple sur le nucléaire, mais aussi l'instauration d'un bonus-malus fiscal climatique et une révolutionnaire « démocratie à tous les étages ».

Lassitude : « Oh shit ! moment »

L'Institut de recherche de Potsdam a étudié 1 500 politiques climatiques entre 1998 et 2022 dans 41 pays et n'en a trouvé que... 63 efficaces sur les émissions de CO^2 ! Matthieu Goar,

* Bruno Latour, Nikolaj Schultz, *Mémo sur la nouvelle clase écologique*, Paris, La Découverte, 2022.
** Aux éditions Les Petits Matins, 2024.

le journaliste du *Monde** qui en rend compte convoque alors l'expression du philosophe Clive Hamilton « *Oh shit! moment* » pour décrire le désespoir qui se cristallise quand tout apparaît dérisoire face à un réchauffement inéluctable. Cependant ce rapport, publié dans *Science*, montre que 70 % des mesures utiles l'ont été associées à d'autres dispositions, par exemple dans les secteurs du bâtiment et des transports où les intervenants sont multiples. Ces politiques doivent associer et contraintes et incitations, concerner entreprises et ménages et être acceptables socialement. Le contraire de ce qui a été fait avec la taxation écologique du gazole en France. Citant Antonin Potier et Emmanuel Combet dans leur livre *Un nouveau contrat écologique***, il conclut ainsi : « Concerter la transition doit articuler la protection de l'environnement avec d'autres priorités comme la lutte contre le chômage, la pauvreté et les inégalités, le financement de la protection sociale, la maîtrise des déficits, le respect des libertés. »

---

* *Le Monde* du 10 septembre 2024, p. 26.

** Antonin Potier, Emmanuel Combet, *Un nouveau contrat écologique*, Paris, Puf, 2024.

Complexités

Le marché mondial est à la fois menacé par la prise en compte des coûts climatiques du transport des marchandises ou de l'exploitation des ressources, et en même temps son fonctionnement semble aussi pouvoir être utilisé en faveur du climat. Par exemple, pour négocier des quotas de carbone entre industriels et en réguler les émissions – ou faire semblant de le faire ? Nous avons vu plus haut que l'historien chinois inventé par Conway et Oreskes y voyait plutôt la preuve d'une croyance obscurantiste dans les marchés. Le plan de Joe Biden pour favoriser enfin aux États-Unis une transition climatique par une intervention étatique avait utilisé des incitations financières, tout en étant protectionniste. En revanche, nous avons rappelé que les taxes écologiques en France ont été absolument insupportables pour la population. Remarquons qu'elles s'appliquaient d'emblée de manière identique aux plus bas revenus.

Illustration du paradoxe de l'association néanmoins possible du capitalisme et de l'écologie : il a été proposé très récemment en France que le prix de l'eau soit proportionné au volume consommé, introduisant à la fois justice sociale et efficacité. On a d'ailleurs dans certains pays rendu l'eau payante en la privatisant pour en économiser la ressource.

Il serait plus difficile pour le carburant automobile que pour l'eau et l'électricité d'exonérer les plus pauvres d'une pénalité écologique en cas de faible volume consommé correspondant aux besoins de base. Mais l'inventivité réglementaire n'a pas beaucoup été sollicitée… Pourtant, qu'est-ce qui empêche de le faire pour les particuliers tant pour l'eau que pour l'électricité ? On pourrait même imaginer que les taxes de ceux qui consomment le plus pourraient financer les besoins vitaux des plus pauvres : l'acceptation en serait très différente. N'est-ce pas ce qui est réalisé pour l'impôt sur le revenu, à la différence de la TVA qui frappe tout le monde proportionnellement à sa consommation ? L'enjeu important de toute action politique tentée serait de ne pas répéter l'échec des premières taxes carbone sur le diesel – gilets jaunes – ou les transports – bonnets rouges.

Le but efficacement atteint par le déni est-il de nous éviter la guerre civile ? Provisoirement…

En ne pouvant être symbolisée et conflictualisée par la dialectique politique droite/gauche, l'urgence du péril climatique risquerait-elle de déclencher une guerre civile s'il n'était pas dénié ? Michel Fain l'a souligné, *la communauté du déni* est un pacte qui soude une communauté. Nous avons vu le pouvoir politique remis en cause au plus haut niveau par les Gilets jaunes inattendus qui voulaient « prendre l'Élysée » pour cause de hausse écologique du gazole. Les Bonnets rouges des agriculteurs ont mis rapidement à la poubelle les millions d'euros investis dans les portiques destinés à récolter l'écotaxe. Début 2024, les tracteurs des agriculteurs roulant – lentement – vers les capitales dans plusieurs pays ont fait reculer non seulement les gouvernements mais aussi la Commission européenne qui a remis en cause le rythme de la transition écologique. L'on sait par expérience qu'une jacquerie paysanne peut devenir insurrectionnelle. La guerre pour l'eau entre agriculteurs productivistes et écologistes est déjà à l'œuvre à propos des mégabassines. La pénurie en eau à Barcelone en démontre l'actualité. Le ministre de l'Intérieur français d'alors a tenté d'inventer un écoterrorisme en prononçant la dissolution des Soulèvements de la Terre, ce qui a été annulé par le Conseil d'État.

Si au lieu d'espérer un jour accéder aux richesses que leur travail crée, les plus pauvres réalisent que les plus riches les tuent, la situation deviendra révolutionnaire*. C'est le mythe de l'*American way of life* – où chacun peut rêver de faire fortune – qui s'effondre. Mais ce mythe supposait une croissance infinie. C'est aussi l'espoir que proposent les loteries nationales – ou européennes –, qui sont de fait des impôts volontaires : chacun peut rêver « gagner des millions ». Alors qu'en temps de pénurie, pour avoir, et cela peut être une question de survie, il faut prendre à l'autre.

Ceci pose un dilemme temporel que le déni à la fois met en suspens et aggrave. Entre les populismes qui inventent un ennemi et les guerres qui en retrouvent un, aurons-nous le temps de nous confronter ensemble au changement climatique avant que celui-ci ne justifie de nous entretuer pour notre survie ?

Risque de bascule climatique brutale et irréversible, et conséquences meurtrières

Le pire reste en effet également possible climatiquement. Des événements climatiques peuvent s'autoaccélérer, et d'autres entraîner des bascules

* Nous savons bien sûr depuis longtemps que le capitalisme tue. Et nous avons pu constater que le communisme tuait tout aussi efficacement.

brutales, y compris paradoxales si le Gulf Stream disparaît et que l'Europe se refroidit brutalement (Naples est à la latitude de New York). Ou si la montée des eaux est beaucoup plus importante du fait des fontes accélérées des pôles et des glaciers. Les migrations de survie s'exacerberont d'autant. Comme l'on voit actuellement aussi bien en Europe qu'aux États-Unis – avec succès – une progression régulière des extrêmes droites qui se nourrissent à la fois du déni du changement climatique et de la haine de l'étranger, on peut craindre que ce ne soient plus seulement des murs qui soient réclamés, mais qu'on y ajoute des mitrailleuses en haut de miradors face aux envahisseurs*. On peut craindre également qu'au lieu de laisser sombrer les migrants, les pays riches coulent leurs bateaux. Les conflits légitimes pour l'eau peuvent devenir sanglants, mais cette fois entre pays traversés par un même fleuve dont le débit s'effondre. Le problème est déjà posé à l'intérieur même des États-Unis par le débit du Colorado. Le soulagement de la tension interne par la guerre n'en est peut-être qu'à ses débuts.

---

* Dès sa prise de fonction en 2025, Donald Trump a envoyé 1 500 soldats supplémentaires sur la frontière avec le Mexique...

Le temps nous est effectivement compté, et il n'est même pas sûr que l'humanité s'autodétruise à un rythme suffisant pour calmer la surchauffe planétaire.

Transformations dans le groupe humain ?

Comment pouvons-nous à l'opposé nous battre pour agir ensemble ? Par l'élaboration psychique collective, dont l'appauvrissement avec le triomphe de réseaux sociaux aux algorithmes viciés ne doit pas nous faire abandonner l'espoir.

*Le groupe de travail (Bion) peut apprendre de l'expérience : passer de – K à + K (*Knowledge, *la connaissance)*

Comment changer « l'équipement mental » des humains ? Revenons aux recherches de Bion qui montrent la réversibilité des transformations des registres de fonctionnement des petits groupes. Il précise que le *groupe de travail* est *un groupe rationnel* qui reconnaît le besoin de se développer et la validité de l'apprentissage par l'expérience, donc qui reconnaît la réalité. Bion est plus optimiste que Freud concernant l'appétit des masses pour la vérité et lui reproche de sembler adopter le constat sans appel de Le Bon*. Bion a l'originalité d'avoir ajouté dans sa métapsychologie un vertex supplémentaire à ceux de l'amour (L, *love*) et de la haine (H, *hate*), celui de la connaissance (K, pour *knowledge*). En dotant chacun de ses vertex d'un signe pouvant être positif ou négatif, il nous aide dans notre question sur le déni (– K) ou l'acceptation (+ K) de la connaissance de la réalité et de la menace. À mon sens**, c'est dans le signe « – », pouvant être présent dans chacun des trois vertex, que l'on trouve chez Bion une correspondance avec la pulsion de mort freudienne, qui vise le retour à l'inanimé de l'individu lui-même. Il s'agit là d'une autodestruction, mais par la recherche du calme mortel, de l'extinction de l'excitation. Cette autodestruction s'accompagne de sa composante *désobjectalisante* soulignée par André Green, composante de désinvestissement pulsionnel de l'objet, de désintérêt (– *Love*). Le signe « + » accompagne, lui, l'investissement de l'objet. Je le relierai donc à la pulsion de vie, dont André Green souligne

* Wilfred R. Bion, *Recherches sur les petits groupes*, *op. cit.*, p. 90.

** Denys Ribas, « Chroniques de l'intrication et de la désintrication pulsionnelle », *Revue française de psychanalyse*, vol. 66, n° 5, « Spécial congrès », 2002, p. 1689-1770. Et in Denys Ribas, *Les Déliaisons dangereuses*, *op. cit.*

la fonction objectalisante. (+ *Love*). La pulsion cherche l'objet d'amour pouvant la satisfaire et investit cette recherche en elle-même. Formulée ainsi, notre question, qui interpelle les psychanalystes, devient : comment, concernant le climat, inverser le gradient de négativité – refus, retrait, déni – vers *l'appétit collectif de connaissance*, la mise en débat, l'union dans l'action ? Associée donc avec plus d'union et d'amour entre les humains. Alors que nous voyons aujourd'hui que c'est la haine (*Hate*) qui progresse !

Cliniquement, dans les traitements analytiques, les psychanalystes ont appris que le déni, à la différence du refoulement, remet en cause la possibilité de l'autoanalyse du fait du clivage du moi. La cure nous a cependant montré que la relation à l'analyste et le fait qu'il se laisse contaminer par le déni du patient permettait parfois qu'une reliaison s'opère, chez l'analyste d'abord, pour être ensuite partagée avec le patient. Mais c'est justement illustrer l'impérieuse nécessité d'une relation avec un autre, un objet externe. En voici un exemple.

Je me souviens d'un jeune architecte qui n'arrivait pas à s'engager vraiment avec une compagne alors qu'il avait connu de véritables histoires d'amour. Il pensait que sa vocation était liée à son amour du dessin et de la peinture et trouvait étrange d'aimer construire des bâtiments et des maisons sans réussir à y installer une famille. En analyse, il retrouva des souvenirs de travaux dans la maison de ses parents, agrandie quand il était très jeune. En fait, une petite sœur arrivait et il avait dû préférer suivre les modifications de la maison plutôt que de réagir aux modifications des formes du corps de sa mère. Refoulement et déplacement – ou déni –, assez banal devant une grossesse, qui n'est pas l'apanage du jeune enfant : les analystes femmes qui annoncent à leurs patients leur prochain arrêt pour une maternité découvrent parfois une complète surprise d'un patient qui demande : « Mais pourquoi ? » Le thème de l'enfant amena le patient dans des zones sombres et mélancoliques où la mort semblait convoquée. Il savait que sa mère avait pu connaître des moments dépressifs et construisit l'hypothèse qu'elle avait pu perdre un enfant. Celle-ci découragea ses tentatives, timides, d'aborder une telle question. Il se résolut alors à consulter en cachette le livret de famille, et à la séance suivante m'annonça : « Il n'y a rien dans le livret de famille. » Pourtant ses pensées revenaient parfois sur ce lien entre enfant et mort. Il ajoutait alors : « Mais il n'y a rien dans le livret de famille. » Ce n'est qu'après quelques épisodes que la fixité de la formulation dans sa répétition m'apparut et attaqua le clivage que je partageais sans m'en rendre compte. Il m'avait pourtant dit au début de son traitement que sa mère avait fait, jeune, un premier mariage. Je pus alors répondre un jour simplement à sa formulation rituelle sur le rien du livret de famille : « Lequel ? » Parfois, une construction en analyse a la chance de se voir confirmée par des fouilles, un peu comme lorsque Heinrich Schliemann trouva une ville sous le désert en cherchant Troie à partir des textes d'Homère. Les parents du patient étaient vivants et le premier livret de famille, s'il avait été mis de côté, avait été conservé par sa mère et elle accepta de le chercher. La naissance et la mort quelques heures après d'un enfant y était inscrite : un garçon.

Le travail analytique d'un membre d'une famille va, en levant un déni, y produire des modifications individuelles et groupales. On ne peut préjuger qu'elles soient à coup sûr positives pour les individus, contrairement à une naïveté psychanalytique assez répandue après-guerre. La levée d'un secret n'est pas forcément salvatrice, ou salvatrice pour tout le monde. Gérard Bayle le formulait ainsi : « Le poison du mensonge, le poignard de la vérité. » En l'occurrence, l'effet fut positif puisque la mère du patient, après que son fils l'avait obligée à exhumer sa douleur encryptée, à en parler avec lui, ajouta ensuite : « C'est dommage que ta sœur n'ait pas été là aujourd'hui. »

Comment, dans un déni collectif où les alertes ne manquent pas, peuvent se produire des analogues de ce processus de contaminations porteuses ensuite de reliaisons salvatrices ? En dehors de la foule fanatisée en identification adhésive à son leader – *Führer* – érigé en Moi-Idéal, le groupe humain est par définition agrégats de tiers, comme ces nuages statistiques qui à la fois diffèrent et s'interpénètrent. La vie démocratique est alors possible, mais l'on voit combien elle est fragile, peut-être particulièrement actuellement. On souligne souvent combien les algorithmes des réseaux sociaux sélectionnent les contenus qui renforcent la vision du monde de l'abonné pour cibler les publicités qui le viseront lui. Ils fabriquent du clivage. Mais il est aussi vrai que c'est plus facile de ne lire qu'un seul journal d'information. Si celui-ci veut promouvoir une vision de la société, elle s'autoalimentera si ses journalistes déforment les faits ou les sélectionnent à travers leur prisme politique. Comment maintenir de vrais débats ? Il y a aujourd'hui quelques colloques que l'on ne peut plus tenir devant la menace d'affrontements physiques.

La conflictualisation apporterait un progrès si elle restait élaborable : on a vu les jeunes générations du monde exprimer pacifiquement les vendredis une révolte légitime. Pourquoi ce mouvement est-il retombé ? Est-ce un dommage collatéral de la récente pandémie ? Ou la victoire du déni dans sa manière de supprimer le conflit ?

Greta Thunberg

Elle a porté un temps cette audacieuse lucidité qui apostrophait crûment et sans inhibition les dirigeants du monde. On la disait autiste et certains ont mis en cause la sincérité de ses interventions jugées caricaturales. Il n'est pas exclu qu'elle ait été instrumentalisée par des militants écologistes ou ses proches. En revanche, si la dimension autistique est présente en elle, il ne serait pas surprenant qu'elle ait clairement vu ce que nous nous cachons et l'ait dénoncé sans aucun respect des conventions sociales. Je me suis longtemps occupé d'enfants autistes et j'ai constaté, après d'autres, aussi bien psychanalystes que cognitivistes*, qu'ils étaient particulièrement en difficulté pour partager les illusions qui fondent une grande part de notre communication interhumaine. On a aussi souligné une incapacité au mensonge qui rend le jeu difficile. Deux anciens enfants autistes, Temple Grandin et

---

* Dont j'ai souligné en 2004 certaines convergences dans leurs recherches aux présupposés théoriques très différents. Denys Ribas, *Controverses sur l'autisme et témoignages*, Paris, Puf, 2004.

Sean Barron, ont ainsi écrit ensemble un témoignage au titre éloquent : *Autisme : décoder les mystères de la vie en société**. J'ai identifié dans l'autisme une spécificité importante par rapport aux psychoses infantiles : la non-évidence de la projection**. De ce fait, il me semble logique qu'une personne autiste ne soit pas étonnée par une situation sans possibilité projective, comme nous y confronte la menace climatique, car elle est habituée à vivre des menaces sur son sentiment d'être sans la facilité de trouver des boucs émissaires persécuteurs. François Hartog fait lui aussi dans *Chronos* ce lien à propos de Greta Thunberg et la cite :

> Sans mon diagnostic, dit-elle, je n'aurais jamais commencé la grève de l'école pour le climat. Parce que j'aurais été comme tout le monde. Nos sociétés doivent changer, nous avons besoin de personnes qui savent sortir des sentiers battus et nous devons

* Temple Grandin, Sean Barron, *Autisme : décoder les mystères de la vie en société*, Louvain-la-Neuve, De Boeck Supérieur, 2019.

** Cette différence est très importante pour comprendre la nature des angoisses ressenties. Angoisses de persécution et de morcellement dans la psychose, angoisse d'effondrement et d'anéantissement dans l'autisme. Il est d'autant plus dommageable que le DSM américain ait supprimé cette distinction chez l'enfant, incluant les tableaux symptomatiques de psychose dans le spectre autistique en en effaçant le nom.

commencer à prendre soin les uns des autres. Et accepter nos différences*.

Des échanges transformationnels

Les groupes humains ne sont pas en permanence des foules et offrent justement la possibilité d'échanges entre leurs membres. Les psychanalystes connaissent par exemple la fécondité et la nécessité des échanges avec des collègues pour débloquer certaines cures en faisant intervenir le regard d'un confrère, une tiercéité. Des échanges interpersonnels authentiques dans la civilisation offriront-ils la possibilité collective de plus de connaissance ? C'est bien mon espoir, en posant ces questions, qu'elles fassent débat. Et comment en obtenir un relais médiatique qui soit ouverture au lieu d'entériner les clivages ?

Dominique Méda propose dans une chronique de tirer « la leçon de Valence** », après les inondations extraordinairement brutales d'octobre 2004 en Espagne. Partant du constat du déni, exprimé en termes de psychologie cognitive, que « notre cerveau "fait l'autruche" et que nous faisons tout

* François Hartog, *Chronos…*, *op. cit.*, p. 313-314.
** *Le Monde* du 1er-2 décembre 2024, p. 31.

pour chasser de notre esprit les représentations d'évènements dramatiques passés ou à venir », elle souligne l'aide des médias qui effacent au fur et à mesure les informations. On retrouve ici un effet du présentisme de Hartog. Elle propose que les catastrophes soient suivies de l'organisation de forums de réflexions incluant la participation des citoyens. Il s'agirait de considérer l'indispensable renforcement des services publics qui implique de les financer par l'impôt. Une autre piste, économique, serait de montrer aux citoyens que réparer les catastrophes climatiques coûterait, selon Nicholas Stern, 5 à 20 % du produit mondial brut alors que financer la lutte contre le changement climatique n'en coûterait que… 1 %. Un troisième axe de réflexion concernerait les partis politiques et la récupération immédiate par l'extrême droite de l'écœurement des citoyens abandonnés dans l'épreuve par les pouvoirs publics qui le transforme en remise en cause des élites. On ne peut mieux caractériser un « groupe de travail » au sens de Bion qui reconnaît les réalités et apprend de l'expérience !

La proposition de Bruno Latour

Latour, « apocalypticien conséquent » selon François Hartog, et prophylactique, prend acte et souhaite que l'on reconnaisse les divisions entre les hommes, qui justifient une guerre. Guerre entre les Humains qui se croient toujours dans l'holocène et les Terrestres qui se savent face à Gaïa, et ne se définissent plus par la prise d'une terre concrète donnant une raison de se battre pour son territoire, mais se laissent *prendre* par Gaïa. Leurs scientifiques osent dire qu'ils ont peur et cela augmente pour eux la qualité de leur science. « Ils apparaissent clairement comme une nouvelle forme de *puissance non nationale qui prend part explicitement en tant que telle aux conflits géopolitiques**. » Si l'engagement des chercheurs peut apparaître à beaucoup comme une catastrophe, il est pour Latour « la seule minuscule source d'espérance qui vienne nous éclairer dans la situation actuelle** ».

Dans son compte rendu du « Théâtre des négociations » aux Amandiers en mai 2015***,

* Bruno Latour, *Face à Gaïa. Huit conférences sur le nouveau régime climatique* [2015], Paris, La Découverte, 2023, p. 314.

** *Ibid.*, p. 315.

*** « Théâtre des négociations », simulation menée dans le cadre de « Make it Work » joué au Théatre des Amandier en mai 2015, mis en scène par Philippe Quesne et Frédérique-Aït Touati avec la participation de SPEAP, l'école des arts politiques de Sciences Po à l'initiative de Laurence Tubiana et de Bruno Latour. *Ibid*, note p. 320.

Latour montre le modèle de la représentation, sans hiérarchie, de délégations portant les revendications de différentes entités pouvant aussi bien être « Forêts », « Maldives », « Atmosphère », « Australie » ou « Peuples indigènes ». Il définit ainsi cette transposition révolutionnaire de représentations en termes d'interactions terrestres – la « Calotte glaciaire » réagit et interagit avec le réchauffement des « Océans » –, en insistant sur l'absence d'autorité supérieure ou arbitrale, que ce soient la nature, une religion de la Mère-Terre ou les instances internationales des États. Il précise : « Encore fallait-il que ses concepteurs soient capables de donner de la vraisemblance à *cet intérieur sans extérieur**. » C'est moi qui souligne cette rare convergence avec mon point de départ. L'auteur ajoute : « Si je souligne certaines des innovations décisives qui ont été introduites, c'est parce que je suis convaincu qu'elles serviront dans l'avenir quand il faudra convoquer de véritables négociations de paix. »

Ceci concerne aussi la science :

> En tout cas la Science n'était plus là pour dicter le cadre général dans lequel la négociation devrait nécessairement se dérouler. Leur objectivité [des

* *Ibid.*, p. 326.

scientifiques] n'était pas mise en doute, mais seulement leur unification. Là non plus il ne faut plus attendre d'*extériorité*. Cette première assemblée, postnaturelle, était aussi *postépistémologique**.

Pourquoi écarter un recours à la loi internationale ?

L'auteur nous donne-t-il une clé pour une nouvelle épistémologie adéquate à notre situation topique finie, en organisant une conflictualité interne constructive à la place de la fragmentation destructrice ? On se demande alors s'il ne devrait pas inclure aussi des puissances non étatiques de type GAFAM**, parfois plus puissantes que des États. On imagine leur joie toute relative à participer à une concertation écologique au moment où l'IA va consommer encore plus d'énergie… C'est moi qui suis utopique : lors de la prise de pouvoir de Donald Trump, les dirigeants des GAFAM lui ont immédiatement fait allégeance. Alors que Bruno Latour refuse une autorité juridique comme recours, on note cependant que quelques fleuves se sont vus reconnaître une identité juridique. Ou

---

* *Ibid.*, p. 330, mes italiques.

** Google, Apple, Facebook, Amazon, et Microsoft.

que l'État français a été récemment condamné pour son inaction écologique et que le Conseil d'État a interdit en janvier 2024 et janvier 2025 la pêche sur les côtes atlantiques pendant un mois pour protéger les dauphins. Le Haut Conseil pour le climat a rappelé à l'ordre le gouvernement en avril 2024 quant au retard pris par la France dans la traduction en termes réglementaires de ses ambitions de politique climatique, ainsi remises en cause*. Le 9 avril 2024, une association de femmes retraitées suisses a obtenu la première condamnation d'un État, la Suisse, par la Cour européenne des droits de l'homme, pour son inaction face au changement climatique. Enfin, le 21 mai 2024, le Tribunal international du droit de la mer, juridiction des Nations unies, a rendu un avis consultatif estimant que les États ont l'obligation de réduire leurs émissions de gaz à effet de serre pour protéger l'environnement marin des effets du réchauffement climatique – réponse qualifiée d'historique par les États insulaires menacés de submersion à l'origine de la requête. Elle relie en effet la question climatique à la Convention de Montego Bay sur le droit de la mer et la pollution qui, en 1982, ne mentionnait pas le climat**.

---

* *Le Monde* du 6 avril 2024, p. 8.
** *Le Monde* du 23 mai 2024, p. 7.

Du 2 au 13 décembre 2024, les 15 juges de la Cour internationale de justice de La Haye ont écouté les plaidoiries des avocats de 98 États et de 12 associations sur les obligations juridiques internationales des États quant à la protection contre le changement climatique. L'initiative vient de l'archipel du Vanuatu, menacé de submersion, pour obtenir que soient posés les principes des obligations des États et les possibilités juridiques d'obtenir réparation. Les pays du Nord, pollueurs depuis 1850 et les membres de l'OPEP étaient convoqués*.

Le féminin et la connaissance

Bruno Latour choisit-il une utopie anarchiste qui impliquerait une union démocratique presque parfaite ? Il rejoindrait alors celle de Freud dans *Malaise dans la civilisation.* Nous explorerons, avec peut-être la même utopie, une autre voie, celle de l'humilité de l'autorité.

Cela rejoint néanmoins un point fondamental pour Latour : renverser le rapport de possession de l'homme sur la nature, ou celle du monarque sur son domaine souverain qu'il surveille tranquillement. Il nous fait imaginer sa surprise si celui-ci

* *Le Monde* du 3 décembre 2024, p. 8.

entendait soudain la *réplique* virulente des territoires qui se mettent à crier : « Cela n'est plus à toi ! » « La prise de terre s'inverse aussitôt, et, avec elle, la définition même de ce que veut dire, pour un pouvoir quelconque, posséder une terre*. » Nous remarquerons quant à nous que ce renversement que définit l'usage du terme Gaïa pour l'auteur inverse une activité absolue en passivité reconnue, ce qui n'est pas sans conséquences psychiques. Freud avait cru reconnaître pour l'homme « la rébellion contre sa position passive ou féminine » comme un « roc » de la résistance à l'analyse**. Féminité et passivité indispensables dans les deux sexes à une réceptivité, une ouverture à l'autre et au nouveau, à l'inconnu, donc à la connaissance.

Le psychanalyste qui identifie encore ici un refus de l'homme devant une passivité vécue comme une castration semblera peut-être un peu monomane, prisonnier de ses théorisations et à côté des réalités sociologiques d'aujourd'hui. On pourrait lui opposer que la connaissance est conquête et découverte – ce qui est vrai, et l'activité ainsi mise en œuvre participe à son attrait pour les deux sexes. Mais la possibilité inverse

---

* Bruno Latour, *Face à Gaïa...*, *op. cit.*, p. 328.

** Sigmund Freud, « L'Analyse finie et l'analyse infinie » [1937], in *Œuvres complètes, vol. XX, 1937-1939*, Paris, Puf, 2010, p. 13-55.

existe que le refus de leur féminité par les hommes ait de lourdes conséquences. Michel Fain a ainsi décrit une « virilité antihystérique »* de l'homme, décrivant ceux qui « roulent les mécaniques ». Il relie ce comportement de certains hommes à une défaillance de mentalisation d'une position hystérique de désir du petit garçon d'avoir un enfant de son père. Mouvement sain du fait de la bisexualité et banal. On peut voir ainsi un petit garçon jouer à se mettre un coussin sous son tee-shirt pour se montrer comme ayant un bébé dans son ventre. L'accueil par la moquerie de ce mouvement féminin envers le père, ou des enjeux maternels de voir dans ce garçon-là la réalisation fétichisée de ses désirs œdipiens enfantins personnels, lui assignant l'impératif d'une apparence hypervirile peuvent donc empêcher une intégration hystérique normale dans la bisexualité. Au contraire l'issue par le comportement immobilise sans l'élaborer un désir homosexuel aussi fort qu'inacceptable. La persécution par le féminin, tant de l'homme que de la femme, envie de pouvoir être aimée grâce au pouvoir de son sexe et de son utérus, n'est pas qu'une théorie sexuelle psychanalytique. En

* Michel Fain, « Virilité et antihystérie : les rouleurs de mécaniques », *Revue française de psychanalyse*, vol. 54, n° 5, 1990.

témoignent les persécutions parfois meurtrières dont sont victimes les homosexuels de par le monde.

En Afghanistan aujourd'hui, le régime des talibans montre sa terreur des femmes en les cloîtrant et, notons-le pour la question qui nous intéresse, en leur interdisant de faire les études qui leur donnerait accès à la *connaissance*. Lucides, les talibans ont compris que cela ne suffisait pas et leur interdisent... de se parler. Plus proches – croyions-nous... – de notre culture, nous avons vu aux États-Unis que le résultat de l'élection présidentielle de 2024 semble n'avoir pas seulement été la sanction d'une inflation importante lors du mandat précédent, mais qu'élire une femme – certes noire, mais Barack Obama avait été élu – n'allait pas de soi. Il semble que certains hommes, plutôt démocrates habituellement, aient été séduits par les propos machistes et les comportements très virilistes, « rouleur de mécaniques » du candidat républicain. Et qu'enfin les militants des transitions de genre aient fait peur en brouillant la limite de la différence des sexes. Dès son investiture, Donald Trump a tenu à les rassurer en affirmant qu'il n'y aurait plus dorénavant que deux sexes aux États-Unis.

Michel Fain termine son article en attirant l'attention sur « ... les développements du moi contraints pour des raisons extérieures à lui à s'organiser sur un mode prématuré » et les relie à une altération de la temporalité psychique chez ces sujets qui privilégient alors le comportement. Il conclut : « En un mot, placer l'action avant la mentalisation condamne un sujet à une triste vie*. »

En proposant aux hommes de reconnaître qu'il leur faut se laisser prendre et posséder par Gaïa, Bruno Latour se heurte à son tour à ce très profond refus de la passivité et de la féminité chez l'homme et à son impossibilité de renoncer à dominer et posséder la Terre.

La description de Michel Fain d'un défaut de mentalisation dans la virilité antihystérique illustre à nouveau l'hypothèse psychosomatique que nous avons évoquée de la perte de l'environnement faste : le déni serait notre maladie.

---

* *Ibid.*, p. 1290-1291.

CHAPITRE VIII

Un idéal endeuillé ?

Pourrons-nous nous doter de l'idéal du moi de créer un futur vivable ?

Nathalie Zilkha me rappelait lors du colloque de la Société psychanalytique de Paris en novembre 2022* que j'avais appelé de mes vœux *un idéal du moi endeuillé de lucidité* à propos du destin de la fracture algérienne dans la mémoire française**, à l'opposé d'un Moi-Idéal qui dénie la réalité, la perte et les trahisons, dont je soulignais

* Colloque intitulé « Les psychanalystes à l'épreuve du temps présent », publié par les Puf en 2023 sous la direction de Jacques Angelergues, Dominique Bourdin et Anne Tirilly.
** Denys Ribas, « Destins de la fracture algérienne dans la mémoire française », *Revue française de psychanalyse*, n° 4, 2008, p. 1069-1080. Et in Denys Ribas, *Les Déliaisons dangereuses*, *op. cit.*

le caractère adhésif et pulsionnellement désintriqué. Elle convoque avec raison ces points communs auxquels s'ajoute la mise en suspens du temps, et je l'en remercie. Mais une différence essentielle porte justement sur la temporalité de la perte et rajoute un défi à cette prise de conscience. La trahison de sa promesse aux Français d'Algérie – « Je vous ai compris » – n'a jamais été reconnue et assumée par le général de Gaulle, qui est passé aux accords d'Évian et à la décolonisation qui allaient dans le sens de l'histoire. La perte de l'Algérie française a longtemps été déniée – et l'est toujours pour certains rapatriés ou pour leurs enfants – mais s'est produite irrémédiablement. Le deuil, que nous impose le fait de regarder en face l'avenir de la Terre, et l'idéal de la protéger est celui d'un avenir de croissance et d'expansion infinie. La perte est à venir.

Autre différence, topique : la perte de l'Algérie française a laissé exister séparées l'Algérie et la France, au prix de la mort, pour beaucoup, des Algériens qui s'étaient engagés pour l'armée française, et du déracinement des Français d'Algérie. Et bien sûr au prix de la mort de tous ceux des deux camps qui avaient perdu la vie pendant cette guerre sans nom, plus peut-être les victimes des guerres civiles des décennies qui ont suivi en Algérie.

Le changement climatique menace dans un premier temps le confort et le plaisir de vivre, à conserver pour les uns ou à conquérir enfin pour les autres, de tous les habitants de la planète. Puis leurs vies elles-mêmes. La perte nous concerne tous et sera peut-être totale.

Le lien que fait Nathalie Zilkha interprète en revanche utilement le caractère inacceptable de la trahison de la promesse de croissance et le refus des gouvernants d'en assumer la fin. Cette promesse ne leur était pas spécifique, car elle est celle de notre civilisation depuis la révolution industrielle, depuis que le progrès est devenu notre croyance, comme François Hartog nous l'a montré.

Certains ont même souligné que nos gènes l'inscrivent dans le striatum de notre cerveau depuis des millions d'années avec l'exigence de plus de satisfaction pour obtenir la même récompense*, ce que la sélection naturelle avait largement rendu gagnant. Jusqu'ici…

N'exagérons pas un primat du biologique dans l'humain, sans pour autant en nier la part constitutive. Les humains sont devenus civilisés lorsqu'ils

---

* Sébastien Bohler, *Human Psycho. Comment l'humanité est devenue l'espèce la plus dangereuse pour la planète*, Paris, Bouquins, 2022. Thierry Ripoll, *Pourquoi détruit-on la planète ? Le cerveau d'Homo sapiens est-il capable de préserver la Terre ?*, Bordeaux, Le Bord de l'eau, 2022.

ont divergé de la sélection naturelle brute il y a environ soixante milliers d'années*. Plus proche de nous, la loi de base de la sélection naturelle, à savoir que ceux qui font le plus d'enfants en seront les gagnants, est démentie actuellement par la dimension sociale et culturelle de la transmission entre générations. Le fait que le nombre d'enfants par femme baisse aujourd'hui avec l'élévation du niveau d'instruction dans les pays en voie de développement l'illustre. Il reste pourtant aussi bien sûr quelques zones de conflits territoriaux, au Proche-Orient par exemple, où la natalité reste une arme de guerre. Peut-on faire un lien avec le fait que des atrocités aient pu y concerner récemment des enfants dans le ventre de leurs mères ?

---

* Sir J. C. Eccles, prix Nobel de médecine, considère en effet que la civilisation est apparue chez les néandertaliens à une époque dans les vestiges de laquelle on a pu trouver des signes archéologiques de rituels funéraires et de comportements authentiquement altruistes, comme les ossements d'un adulte handicapé de quarante ans, incapable de chasser lui-même pour se nourrir. John C. Eccles, *Évolution du cerveau et création de la conscience* [1989], Paris, Fayard, 1992, p. 156-157.

Un rêve : une autorité qui assume le reniement de ses promesses

Rêvons : imaginons qu'à la fin d'une prochaine COP les présidents des grands pays du monde, réunis, assument devant leurs électeurs que face à la réalité planétaire ils ne pourront tenir les objectifs de croissance sur lesquels ils ont été élus. Seul le capitaine peut abandonner le but du voyage pour sauver ses passagers. Or, nous n'en sommes pas à abandonner le navire et à mettre les chaloupes à la mer (en les espérant plus nombreuses que celles du *Titanic*). Peut-être n'en sommes-nous même pas à renoncer à la destination, mais sûrement à réduire la vitesse, et peut-être ramer un peu. Serait-ce si terrible de faire quelques trajets à vélo ? De voler un peu moins souvent ? D'être plus économe des ressources vitales ? Jean-Baptiste Fressoz signale une parution économique qui brise le tabou de la décroissance en montrant que le simple arrêt de la croissance de l'Australie diminuerait de 40 % ses besoins en énergie renouvelable, qui seraient « seulement » à quadrupler. Il envisage que « "la décroissance", ce "mot obus" inventé en 1992 par le philosophe André Gorz (1993-2007) [...] pourrait devenir banal en économie ». Et il s'interroge :

« Les économistes seront-ils plus écoutés que leurs collègues climatologues* ? »

Une autorité serait-elle destituée si elle disait la vérité ? Serait-ce une capitulation, une haute trahison ? C'est possible, ou probable. Il faudrait qu'elle fasse le deuil de l'accroissement sans limite de sa puissance pour fixer aux citoyens un idéal de mesure qui protège la vie et la maintienne. N'est-ce pas sortir d'une adolescence infantile et mégalomane que de se donner comme but d'avoir une famille et de la protéger ? En proclamant cet idéal endeuillé qui renonce à l'*hybris*, l'autorité serait (enfin) convaincante, en s'appliquant à elle-même la limitation qu'elle demanderait aux citoyens**.

En juillet 2024, le président Joe Biden a finalement pris la décision de renoncer à sa candidature à un nouveau mandat, alors que sa prestation dans le débat avec Donald Trump avait été très mauvaise, et que des signes de fatigue et de diminution de ses capacités s'accumulaient. Personne ne saura

---

* L'article publié en avril 2024 dans Economics System Research est « *Downscaling down under: towards degrowth in integrated assessments models* ». Tribune dans Le Monde du 25 avril 2024, p. 30.

** Remarquons l'impact négatif qu'ont eu au Royaume Uni les transgressions festives par l'exécutif de l'interdit qu'il imposait au pays lors de la pandémie.

les conséquences qu'aurait eues le choix inverse. Mais soulignons qu'il a donc pu arriver qu'un des hommes les plus puissants du monde ait l'humilité et la lucidité d'accepter de reconnaître sa diminution et ses limites*. Mais probablement trop tard !

La juge à la Cour suprême Ruth Bader Ginsburg n'avait quant à elle pas accepté de démissionner à 80 ans après deux cancers, comme le lui aurait suggéré Barack Obama en 2013 selon le *New York Times***, le privant ainsi de la possibilité de nommer pour la remplacer un ou une juge libéral. Ceci laissa à sa mort Donald Trump libre d'une nomination particulièrement partisane de plus. On en a vu les effets.

Réveil brutal

Vous aurez remarqué que j'ai imaginé dans mon rêve non pas l'autorité d'un pays mais un

---

* Le fonctionnement inconscient de Joe Biden restait assez performant. Deux lapsus ravageurs eurent lieu au sommet de l'Otan. Il commença par appeler Volodymyr Zelensky « Président Poutine », puis Kamala Harris « Trump ». J'ai remarqué qu'il transformait ainsi ses alliés et proches en ses pires ennemis. Or, si l'on y réfléchit, il n'est pas faux qu'à cette époque, c'étaient bien ses amis qui essayaient de le convaincre de s'éliminer de la course pour un nouveau mandat.

** Du 25 septembre 2020.

accord des dirigeants du monde. Et effectivement, comment imaginer une action crédible isolée ?

D'une part, son action serait dérisoire, à l'image de celle d'un citoyen isolément lucide dans une nation insouciante. Nous ne voudrons nous restreindre qu'à la condition que les autres fassent de même. Pour des raisons bien plus pulsionnelles que morales. Nous voulons bien nous arrêter au feu rouge, mais c'est irritant qu'un autre le brûle. Envieux, nous espérons alors qu'il sera puni, éventuellement de mort s'il y a accident. Mais cela n'arrive pas souvent, et serait un peu gênant s'il y avait d'innocentes victimes. Si cela nous dérangeait trop, nous devrions, pour pouvoir brûler les feux rouges, devenir délinquants… ou policiers.

Cet exemple semble un lieu commun mais c'est justement une disposition humaine universelle qui s'illustre particulièrement bien lors des efforts visant à décarboner les mobilités. Éclatent alors au grand jour les conflits de territoire et de liberté entre automobilistes, motos ou scooters, vélos électriques ou non, patinettes kamikazes, piétons éventuellement âgés ou voitures d'enfants. Il est d'ailleurs instructif que quelques minutes nous suffisent pour changer de camp en changeant de mode de transport.

Ainsi, une décision unilatérale d'un pays serait catastrophique pour lui en termes de rivalité économique et de compétition, entre grandes puissances ou au niveau régional. Et complètement irresponsable en cas de conflit armé. Or, nous l'avons vu, le monde n'en manque pas. Si la guerre en Ukraine a bouleversé le relatif équilibre qui existait en Europe depuis la fin de la guerre froide et risque de s'étendre, si le conflit israélo-palestinien y ajoute des clivages identitaires et religieux qui résonnent dans le monde entier, de nombreux autres conflits plus ou moins larvés existent aussi dans le monde. La possibilité d'un accord mondial efficace des grandes puissances est-elle condamnée ? Cela pourrait être une très lourde responsabilité de Vladimir Poutine vis-à-vis du monde et non plus seulement de l'Ukraine d'avoir détruit ce moment exceptionnel où les pays du globe s'étaient accordés lors de la COP21, et d'avoir déclenché un réarmement général qui prive d'autant d'union et de ressources la lutte contre le réchauffement planétaire.

Cauchemar !

À défaut de projection, des projectiles ! L'urgence : produire des obus de 155

Quand la vie est véritablement difficile, c'est la réalité au réveil qui est un cauchemar. En rêvant d'une autorité mondiale lucide et assumant de modifier nos buts pour sauver notre avenir, je prenais en compte l'absolue nécessité d'une action commune de lutte contre le réchauffement climatique, priorité devant passer avant les conflits de puissances, les rivalités économiques et territoriales et les guerres qui en résultent. L'Organisation des Nations unies existe bien. Mais son Conseil de sécurité né des vainqueurs de la Seconde Guerre mondiale et du rapport de force qui en résultait a doté d'un droit de véto chacun de ses membres permanents*. Ses

* Rendons ici hommage aux capacités de déni du général de Gaulle que je déplorais concernant la fin de la guerre d'Algérie, et bien sûr aussi à son action de résistance. Son déni convainquant de la défaite de la France comme de la collaboration de son pouvoir politique et de nombre de ses citoyens avec l'occupant pour ne voir que les résistants et ceux qui l'avaient rejoint, se battant au côté des Alliés, nous a fait gagner, au titre de « vainqueurs », un siège permanent au Conseil de sécurité de l'ONU que nous occupons encore aujourd'hui. Mais cela s'est également fait au prix d'un long

conséquences paralysantes se sont exercées depuis lors, par exemple au Proche-Orient depuis des décennies, et actuellement et d'autant plus avec évidence dans la guerre entre la Russie – membre permanent – et l'Ukraine. La démocratie mondiale saura-t-elle faire mieux que la Société des Nations de l'entre-deux-guerres ? Ou une autorité nouvelle du monde ne pourra-t-elle advenir que d'une nouvelle épreuve de force, d'une nouvelle guerre mondiale ? L'envoi de troupes nord-coréennes pour soutenir les forces russes face à l'Ukraine en octobre 2024 pourrait-il être le début de l'engrenage fatal qui a fait ses preuves dans les précédentes guerres mondiales ? Au début de l'année 2024, la menace d'une attaque progressive de l'Otan par la Fédération de Russie a été prise au sérieux par les pays occidentaux, et le président Macron a déclaré ne pas exclure une présence de troupes françaises en Ukraine pour empêcher sa défaite. La possibilité, à l'époque, de la réélection de Donald Trump en novembre 2024 rendait crédible un désengagement américain. Il ajouta que l'extension des intérêts vitaux de la France à ceux de l'Europe pourrait engager sa dissuasion nucléaire.

---

déni en France juste après la guerre. Jusqu'à ce qu'une production culturelle, notons-le, *Le Chagrin et la Pitié*, documentaire de Marcel Ophüls réalisé en 1969, refusé par l'ORTF, mais diffusé en Allemagne, le brise lors de sa sortie en salle en 1971.

Le spectre d'une troisième guerre mondiale et sa possible apocalypse nucléaire renaît alors. Comment se préoccuper de garder une Terre vivable en 2100 si des menaces de destruction totale nous guettent dans les mois ou les années qui viennent ?

En dehors de la solution radicale au réchauffement climatique qu'apporterait un hiver nucléaire planétaire suivant l'anéantissement réciproque des grandes puissances, un débat important a été complètement absent de la campagne électorale des élections européennes de 2024, marquant une indéniable victoire du déni. Par rapport à celle de 2019, la campagne avait déjà été marquée par un net recul des préoccupations sur le réchauffement, qui avaient suivi les marches pour le climat. Au contraire, les formations populistes font un repoussoir de ces questions, et les autres veulent surtout éviter de braquer les populations en évoquant des contraintes, une manière de les suivre pour les contrer qui expose au résultat inverse. Nous retrouvons ici le tabou de toute remise en cause de la croissance souligné par Bruno Latour et Nikolaj Schultz. Le succès des populistes aux élections européennes pourrait être la fin de la transition écologique et les scientifiques se désespèrent de ne pas être entendus.

Alors que la conscience de la nécessité d'un réarmement des pays européens faisait à l'opposé consensus – mais sans accord sur une armée européenne –, se traduisant par une augmentation de 1 à 2 % de leurs dépenses militaires pour atteindre 3 %, personne n'a mis en discussion les choix à faire avec une dépense à peu près identique pour contrôler le réchauffement climatique, porteur de menaces futures de guerres et de migrations incontrôlables. Dans l'alternative fin du mois/fin du monde vient s'insérer brutalement la fin de la paix. Dans le monde, les dépenses militaires ont augmenté de 6,3 % en 2023*. Nous avons vu combien la courte vue du présentisme régnait et la force de la nécessité psychique d'un ennemi. Un danger réel qui fait 150 000 morts en Ukraine devient convaincant. On comprend aisément qu'ait été complètement scotomisé cet enjeu démocratique sérieux et essentiel des sacrifices à faire pour financer *à la fois* la capacité de se défendre *et* la transition climatique. En témoigne également une nouvelle fois l'affaiblissement persistant des résultats des écologistes, contre toute logique – si ce n'est peut-être l'effet de leur blocage idéologique contre le nucléaire ou un certain art de perdre.

---

* Selon Jean-Michel Bezat, « Aucune région du monde n'échappe à la hausse des dépenses militaires », *Le Monde*, le 23 avril 2024, https://www.lemonde.fr/economie/article/2024/04/23/aucune-region-du-monde-n-echappe-a-la-hausse-des-depenses-militaires_6229388_3234.html.

Le « dernier clou dans le cercueil » de l'espoir de limiter à 1,5 °C le réchauffement climatique en 2100

L'élection en 2024 de Donald Trump ne met pas seulement l'Europe au pied du mur pour sa défense. Elle menace aussi le monde de l'abandon par les États-Unis de la lutte contre le réchauffement, avec un refus renforcé d'y contribuer financièrement. « L'élection d'un négationniste du climat à la présidence des États-Unis est dangereuse pour le monde », commente le scientifique Bill Hare, membre du GIEC*. La réélection de Donald Trump est pour Rachel Cleetus** « le dernier clou dans le cercueil » de l'objectif de l'accord de Paris « déjà largement compromis par des décennies de manque d'action ». Elle s'interroge cependant sur la possibilité de mise en application d'un programme aussi disruptif. Pétrole, gaz, charbon, abandon des

---

* Anaïs Moran, « Climat, malgré la réélection de Trump, la Cop29 de Bakou va-t-elle trouver 1 000 milliards pour sauver l'humanité », *Libération*, 8 novembre 2024, https://www.liberation.fr/environnement/climat/climat-malgre-la-reelection-de-trump-la-cop29-de-bakou-va-t-elle-trouver-1-000-milliards-pour-sauver-lhumanite-20241108_C3MKTEYB5BC2FECSYMWPULFGAQ/.

** Du groupe de scientifiques américains Union of Concerned Scientists. *Le Monde* du 8 novembre 2024, p. 9.

voitures électriques – ce que le patron de Tesla, très proche du président, n'apprécierait peut-être pas – et démantèlement des agences de protection de l'environnement et d'observation océanique et atmosphérique : tout cela est proposé par le Projet 2025, l'initiative menée par la *Heritage Foundation* visant à préparer une transition présidentielle efficace pour une administration conservatrice en 2025.

Quelle relation entre la menace climatique et la désunion internationale ?

Le téléscopage malheureux d'un danger commun et de la division du monde avec le retour de la guerre, qui empêche d'y faire face, repose la question que je soumets au lecteur. Il y a deux hypothèses. La première est que les affrontements entre humains et les recompositions des empires, à l'œuvre depuis l'aube des temps historiques, en l'absence d'ennemi extérieur réunissant les hommes contre lui, s'exercent comme de tous temps, et par malchance pour l'humanité, s'exercent avec leurs logiques propres, protégés par le déni. On y verra l'action éternelle de Thanatos contre Éros, de ce qui brise les liens contre ce qui les crée. L'autre possibilité, plus audacieuse, plus prétentieuse peut-être, est à l'inverse. Que la menace climatique et la plongée dans l'abîme de l'anthropocène, connues et déniées à la fois, donc perçues *quand même*, créent – ou accentuent – par la menace mortelle exercée sur l'humanité le besoin d'un ennemi à qui déclarer la guerre. Le pays voisin, l'étranger envahisseur, le voisin qui ne pense pas comme vous – la guerre peut devenir civile*. La projection retrouvée, la haine réintrique efficacement pulsions de vie et de mort. Dans cette occurrence, on pourrait considérer que le déni, dont je remarquais qu'il protégeait de la guerre civile climatique, permettrait au contraire de refaire joyeusement la guerre sans être gêné par les périls communs, nouveaux et incommensurablement plus complexes...

Il semble difficile de penser que l'expansionnisme de Vladimir Poutine, son ambition de recréer l'URSS et de prendre sa revanche de l'issue de la guerre froide quand il envahit l'Ukraine ne soit qu'une distraction défensive de l'angoisse de la menace climatique sur l'humanité. Même si la géographie et le climat de la Russie la confrontent au réchauffement lorsque fond le permafrost. De

* *Civil War*, film réalisé par Alex Garland sorti en 2024 se déroule dans une Amérique fracturée en venant au combat armé.

même l'élection nette en 2024 aux États-Unis du « négationniste du climat » qu'est Donald Trump semble avant tout une victoire de sa base MAGA angoissée du déclassement social et de la perte d'une majorité de la population blanche dans le pays.

Dans les deux cas apparaissent au premier plan la nostalgie du passé et l'aveuglement envers l'avenir. Dans les deux cas triomphent des idéologies réactionnaires. Nous revenons donc à notre interrogation initiale à la suite de François Hartog sur la perte du futur dans une temporalité réduite au présentisme : le déni de la menace climatique en est-il la cause ou la conséquence ? Dans les deux cas le refus de la perte de la puissance – castration – domine. Refus du deuil qui nourrit le déni. Recours projectif à tout prix.

Comment notre propre déni affecte-t-il notre jugement, nous poussant à sous-estimer l'impact de la menace de l'extinction humaine ? Nous savons aussi combien notre psychisme inconscient refuse de prendre en compte le hasard qui pourtant préside tant à notre naissance qu'à notre mort. Nous pousse-t-il à refuser qu'existent des conjonctions malheureuses ? Dans cette incertitude, concentrons-nous sur le résultat pratique de cette convergence dangereuse de la désunion et de la menace commune qu'elle accentue : le réveil de la conscience et l'action s'imposeraient d'autant plus.

Devant le constat qu'il n'en est rien, le plus probable est bien qu'il faille attendre le traumatisme d'une catastrophe écologique provoquant en France 100 000 morts, comme lors de la pandémie, pour qu'une prise de conscience planétaire de l'urgence se fasse enfin. C'était le scénario « optimiste » choisi dans l'émission judicieusement nommée *2050 Ouvrons les yeux* que nous avons évoquée.

Ou espoir ?

Tout mon propos a été de souligner au préalable que les humains ne sont pas équipés psychiquement pour se battre ou se restreindre sans ennemi extérieur, et de rappeler ensuite la réalité de la nécessité de l'union pour une action crédible, puis l'aggravation de la désunion mondiale avec le retour des guerres. Ce propos doit-il nous faire penser que tout espoir est perdu de surmonter le déni collectif ? Peut-être. Mais on peut aussi noter quelques signes encourageants. Qui aurait pu penser que la décision serait prise par l'Union européenne de programmer en 2035 la fin de la fabrication des moteurs à explosion, même si elle semble vite remise en cause ? Cette même Union européenne dont les émissions de gaz à effet de serre ont baissé de 7,5 % entre 2022 et 2023, même si elle reste le quatrième plus gros émetteur mondial*. Qui aurait pu penser, nous l'avons vu, que les Nations unies arriveraient à mettre en chantier en mars 2023 un traité pour protéger la haute mer, et à étendre au climat le droit de la mer en mai 2024 ? Les océans sont une entité terrestre unique qui dépasse les nations et leurs conflits. Ils sont pour nous vitaux et constituent des raisons de proclamer d'autant plus l'urgence de les protéger et, pour ce faire, de sortir collectivement du déni. Nous avons aussi vu que les États membres des Nations unies ont saisi la question de la protection des populations du changement climatique en 2023 à la Cour internationale de justice et que des audiences ont eu lieu en décembre 2024...

Assumer la blessure narcissique désarmerait la nécessité du déni

Dans notre traversée de cette problématique du déni, des convergences apparaissent qui amènent

---

* Programme des Nations unies pour l'environnement publié le 24 octobre 2024, cité plus haut.

à impliquer la dimension narcissique. L'incapacité d'endeuiller notre futur, qui convoque l'idéal, l'absence d'espace de culpabilité réparatrice efficace entre paranoïa et mélancolie, l'échec de la convocation de notre masochisme, l'impuissance face aux menaces de castration, comme nos consommations opératoires. L'impasse projective y confine également en nous privant d'objet à haïr.

La clinique de la mélancolie nous a appris que c'est la nature narcissique de l'investissement, de l'amour pour l'objet, qui est dangereuse en cas de perte. Elle devient menace d'amputation de soi-même, menace partiellement vitale et non plus seulement menace de la très grande souffrance d'être séparé définitivement d'une personne aimée, reconnue comme autre. Le mélancolique, nous l'avons vu, incorporera l'objet perdu pour le détruire en s'attaquant lui-même – ce que traduisent les autoaccusations*. C'est l'incapacité de faire le deuil qui est la menace.

Le deuil que nous évite le déni est pour une part importante narcissique, en plus de la privation de nos satisfactions tant autoérotiques que matérielles. Il concerne alors la perte de l'*hybris*,

---

* Soulignons que seule la psychanalyse a ainsi proposé, comme nous l'avons signalé, une compréhension psychopathologique qui puisse rendre compte du syndrome de Cotard : l'idée délirante que le corps du malade contient le monde.

l'acceptation de nos limites et de la fin de notre toute-puissance. *Le changement climatique est une humiliation.* Pouvons-nous la reconnaître et surtout l'assumer ?

Or cela comporte un espoir. Si un ennemi vous domine et peut vous affamer, le risque est vital et le rapport de force totalement en sa faveur. Si c'est un maître-chanteur et que sa menace est de révéler quelque chose qui détruira ou rabaissera votre réputation, vous avez toujours le choix de le dénoncer en révélant vous-même l'information. Ainsi vous vous libérerez de son emprise. Au prix lourd de sacrifier vous-même vos intérêts. Cette perte peut être importante, mais un enjeu essentiel est de la reconnaître car la catastrophe *est déjà arrivée*. C'est ce dont nous protège le déni. En prendre acte le rend inutile.

Hélas pour ma comparaison, nous sommes privés d'ennemi à punir, nous l'avons souligné, qui n'existe pas en dehors de nous-mêmes. En revanche nous pouvons choisir d'assumer la blessure narcissique de nous être conduits comme des enfants gâtés tout-puissants, irresponsables, et regarder en face les dégâts. Et que, oui c'est fait, nous avons déjà fait basculer la Terre dans l'anthropocène. Si le narcissisme alimente très efficacement une violence meurtrière entre les individus et entre les peuples, on peut soi-même remettre en cause son image sans en mourir. La blessure d'amour-propre reconnue, au prix de ne pas en méconnaître la tristesse, n'est plus mortelle.

C'est dire à nouveau l'importance du fait que les responsables des nations commencent par en montrer eux-mêmes le chemin, en nous donnant l'exemple d'une capacité collective de traiter des conflictualités et de prendre en compte internationalement les enjeux climatiques.

Restaurer un espace d'élaboration et de mise en forme collective du conflit ? Avant qu'il ne soit trop tard

Nous le savons, la spécificité et peut-être le but du clivage constituant le déni est d'éviter le conflit. Y faire face en désarmerait la nécessité. Mais le temps presse : le *kairos* va vite nous dépasser si nous ne l'attrapons pas dans le temps qui se réduit entre les fausses raisons de se battre maintenant et les vraies de s'entretuer lorsque les ressources manqueront.

Souvenons-nous que lors du conflit de la réforme des retraites, en France, l'intervention des syndicats avait retrouvé en cette occasion une force et une capacité à organiser la conflictualité que nous ne connaissions plus depuis longtemps. Ils ont permis une expression puissante sans chaos, à la différence de l'épisode des gilets jaunes. Notons que l'enjeu de qui humilierait qui, entre gouvernement et syndicats, a cependant été assez présent.

Pour rejoindre l'attente de Bruno Latour, ou pourrait souhaiter que les inévitables conflits profonds liés à la prise en compte de la menace climatique puissent à leur tour bénéficier de cette qualité de conflictualisation. Et qu'ils soient figurés, affrontés, représentés, débattus et traités politiquement et surtout institutionnellement.

Y compris au-delà des frontières ?

La pandémie a créé une Europe de la santé qui n'existait pas dans les traités, à l'origine économiques : le marché commun du Traité de Rome en 1957. Un *kairos* a là été saisi à temps, sans le laisser s'échapper. La guerre en Ukraine a ressuscité une Otan réputée en « mort cérébrale » et amorcé une défense européenne de fait. L'Europe s'empare du défi écologique. Les États-Unis avaient voté un plan, certes protectionniste. Et nous avons vu des initiatives onusiennes sur la haute mer puis sur le droit de la mer. La jeunesse avait su organiser une mobilisation mondiale les vendredis. Nous savons que des régressions importantes se produisent

– ainsi quand l'Europe recule – et se produiront. L'élection américaine de 2024 pourrait aussi entraîner des conséquences négatives majeures : seront-elles tempérées par les autres pays ?

Mais l'unité du monde, qui paralyse notre capacité projective, pourrait devenir l'espace d'une introjection et du travail collectif sur ce qui est à reconnaître comme perdu pour reconquérir un futur à préserver. La civilisation peut-elle intégrer un surmoi collectif qui semble apparaître avec le *flygskam* des Suédois, la « honte de voler » liée aux conséquences climatiques des voyages en avion ? Alors un espace psychique s'ouvrirait entre paranoïa et mélancolie. Et comment nos gouvernants pourraient-ils obliger des citoyens du monde lucides à consommer toujours plus ? Transmuter le contradictoire aliénant du déni en conscience des contradictions et reconnaissance des pertes donnerait une issue. Au prix de l'humilité, redevenir sujets des choix pour notre avenir.

CONCLUSION

À venir ?

L'humanité est à la croisée des chemins. Le plus probable, devant le caractère massif des processus psychiques de déni à l'œuvre, avec les fracturations du monde qui s'accentuent, avec l'efficacité des guerres à devenir priorité, est que la situation s'aggrave de plus en plus. Si seuls des cataclysmes nous « ouvrent les yeux », il faudrait donc « souhaiter » que ceux-ci arrivent suffisamment tôt pour déclencher une réaction très forte, peut-être autoritaire, avant que trop de points de bascule irréversibles ne rendent certaines parties de la planète inhabitables – par exemple en Afrique, ou en submergeant des pays entiers, provoquant des migrations de survie de masse et les guerres qui y répondront, et avec elles probablement le chaos. En effet, certains effets du réchauffement s'accentuent eux-mêmes, comme la fonte des pôles. Le temps pour saisir *kairos* va rétrécir de plus en plus. La lucidité alimente un pessimisme autoréalisateur qui désarme l'action. Nous avons vu des raisons d'espérer néanmoins un réveil. Les scientifiques se révoltent, des citoyens agissent, des institutions nationales et internationales progressent parfois. Saurons-nous briser nous-mêmes notre *hybris*, arrêter nos masturbations technologiques, cesser de nous faire d'abord plaisir, maîtriser notre avidité, choisir de nous restreindre ? Saurons-nous accepter l'humiliation de nos prétentions par la réalité ? Avant qu'elle ne brise d'abord notre confort puis nos vies et celles de nos enfants.

Table

Cet ouvrage a été composé par Soft Office.

Imprimé en France
par DUPLIPRINT
733, rue Saint-Léonard, 53100 Mayenne
mars 2025 - N° 2997060K

DUPLIPRINT est titulaire du label imprim'vert®